中央财经大学财经研究院 学术文库

晚清光学的传入

——基于期刊的考察

U0194249

郝秉键 著

中央民族大学出版社
China Minzu University Press

图书在版编目（CIP）数据

晚清光学的传入：基于期刊的考察／郝秉键著.
—北京：中央民族大学出版社，2018.8
ISBN 978-7-5660-1521-1

Ⅰ．①晚… Ⅱ．①郝… Ⅲ．①光学—物理学史—中国
—清后期 Ⅳ．①O43-092

中国版本图书馆 CIP 数据核字（2018）第 144502 号

晚清光学的传入——基于期刊的考察

著　　　者	郝秉键	
责任编辑	李苏幸	
封面设计	文人雅士	
出 版 者	中央民族大学出版社	
	北京市海淀区中关村南大街 27 号　邮编:100081	
	电话:68472815(发行部)　传真:68932751(发行部)	
	68932218(总编室)　　　　68932447(办公室)	
发 行 者	全国各地新华书店	
印 刷 厂	天津顾彩印刷有限公司	
开　　　本	880×1230（毫米）　1/32 印张：8	
字　　　数	200 千字	
版　　　次	2018 年 8 月第 1 版　2018 年 8 月第 1 次印刷	
书　　　号	ISBN 978-7-5660-1521-1	
定　　　价	40.00 元	

目　录

导　言

"知识的力量不仅取决于其自身的价值，更取决
于它是否被传播以及被传播的深度和广度。"

——弗朗西斯·培根

一、研究缘起

西学东渐不始于晚清，但晚清无疑是西学东渐空前发展
时期。历史具有多面性，从政治、经济方面考量，晚清吾国
虽然丧失了太多的"利权"，但就学术文化而言却又有重大收
获，即通过西学东渐，逐步完成了从"四部"之学到"七
科"之学的转变，初步奠定了近代学科体系。中国学术文化
能有今日之面貌，不能不溯源于此。因此，无论前贤还是今
人，在回顾晚清文化发展历程时，莫不对西学东渐予以高度
关注。

西学东渐是西方文化向东方传播的历史进程。综观既往
研究趋向，大略具有如下特点：

其一，偏重于西学传播主体、传播机构和传播方式的考
察，未能对所传西学知识予以系统的阐述。晚清时期，传教
士、留学生和译员为译介西学的主体，京师同文馆、江南制

造总局翻译馆、广学会、花华圣经书房、益智书会、科学仪器馆、墨海书馆、美华书馆等为移译、出版西书的重要机构，移译西书、创办报刊、兴办学校则为西学传播的基本方式。"通过遍布各地的新式学校，形形色色的报纸杂志，品种繁多的西书……西学的影响逐渐从知识分子精英阶层扩大到社会基层。"① 学界对这些问题已多有研究，详情可参见顾长声的《传教士与近代中国》（1981）、王立新的《美国传教士与晚清中国现代化》（1997）、曹增友的《传教士期刊与中国科学》（1999）、邹振环的《西方传教士与晚清西史东渐》（2007）、王树槐的《基督教与清季中国的教育与社会》（2011）、高黎平的《传教士翻译与晚清文化社会现代性》（2011）、贝奈特的《传教士新闻工作者在中国》（2014）、黄福庆的《清末留日学生》（1975）、实藤惠秀的《中国人留学日本史》（1983）、李喜所的《近代中国的留学生》（1987）、田正平的《留学生与中国教育近代化》（1996）、刘红的《近代中国留学生教育翻译研究》（2014）、汪广仁的《中国近代科学先驱徐寿父子研究》（1998）、王扬宗的《傅兰雅与近代中国的科学启蒙》（2000）、王晓勤的《中西科学交流的功臣——伟烈亚力》（2000）、俞政的《严复著译研究》（2003）、王红霞的《傅兰雅的西书中译事业》（2006）、冯大伟的《近代编辑出版人群体概述》（2008）和许牧世的《广学会的历史及其贡献》（1977）、黄林的

---

① 熊月之：《西学东渐与晚清社会》，中国人民大学出版社 2011 年版，第 10 页。

《晚清新政时期图书出版业研究》（2007）、熊月之的《西学东渐与晚清社会》（2011）、石明利的《京师同文馆译书活动研究》（2012）、任莎莎《墨海书馆研究》（2013）等著述。这些成果虽然总体上阐明晚清西学东渐的基本进程及其特点，揭示了西学传播主体和传播机构在西学东渐中的作用和地位，但对所传西学知识多为举要式的介绍，点到为止，未能对"每门学科传入中国的情况都深加研究"①，并予以系统的论述，故不足以深入反映西学在华的传播程度。

其二，偏重于西书移译出版情况的考察，未能对期刊中西学篇目予以系统的梳理。西学既通过西书的移译出版而传播，又通过报纸杂志的刊发而流布。关于晚清西书移译出版情况，早在1880年，时任江南制造总局译员傅兰雅（John-Fryer）在《江南制造总局翻译西书事略》一文中已作汇总。据其统计，截至1879年，江南制造总局翻译馆译毕和在译西书合计156种，其中98种已经刊行；益智书会拟译西书42种，已刊"寓华西人"自译之书62种。② 其后随着西书移译的推进，时人又陆续编出若干西学书目类著作，其中以梁启超撰《西学书目表》（1896），徐维则撰《东西学书录》（1899），赵惟熙撰《西学书目答问》（1901），徐维则、顾燮光辑《增版东西学书录》（1902），通雅斋同人撰《新学书目提要》（1903—1904）和顾燮光撰《译书经眼录》（1904）等最具代表性。这些著述基本涵盖了1904年以前出版的西书，

---

① 熊月之：《西学东渐与晚清社会》，中国人民大学出版社2011年版，第2页。
② 傅兰雅：《江南制造总局翻译西书事略》，《格致汇编》1880年第3卷。

其中《西学书目表》收书 357 种，《东西学书录》收书 560 种，《西学书目答问》收书 372 种，《增版东西学书录》收书 907 种，《译书经眼录》收书 533 种。① 2003 年，北京图书馆将馆藏《增版东西学书录》《译书经眼录》和王韬撰《泰西著述考》、广学会编《广学会译著新书总目》、上海制造局翻译馆编《上海制造局译印图书目录》、佚名编《冯承钧翻译著译目录》汇为《近代译书目》一书出版。② 2007 年，熊月之又将《增版东西学书录》《译书经眼录》《新学书目提要》和《西学书目答问》编为《晚清新学书目提要》一书出版。③ 至于 1905—1911 年的译书情况，迄今尚无比较完整的书目出版，谭汝谦编《中国译日本书综合目录》（1980）、台湾"中央"大学图书馆编《近百年来中译西书目录》（1958）和周振鹤编《晚清营业书目》（2005）或可"聊作弥补"。据统计，1811—1911 年，中译西书总计出版 2293 种，其中 1811—1842 年出版 34 种，年均 1 种；1843—1860 年出版 105 种，年均 6 种；1861—1900 年出版 555 种，年均 14 种；1901—1911 年出版 1599 种，年均 145 种。④ 与西书移译研究情况相比，学术界对晚清期刊所载西学篇目的考察则明显滞后，至今没有全面系统的统计数据。上海图书馆编《中国近代期刊篇目汇录》（1965—1985）虽然汇总了 1857—1918 年刊行的 495

① 张晓丽：《论晚清西学书目与近代科技传播》，载《安徽大学学报》（哲学社会科学版）2013 年第 2 期。
② 王韬、顾燮光等编：《近代译书目》，北京图书馆出版社 2003 年版。
③ 熊月之主编：《晚清新学书目提要·序言》，上海书店出版社 2007 年版。
④ 熊月之：《西学东渐与晚清社会》，中国人民大学出版社 2011 年版，第 12 页。

种期刊的篇目，但未对西学篇目予以专门汇录，其他有关研究亦多系个案式考察，不足以全面反映晚清期刊中西学著述的刊载情况。晚清期刊所载西学篇目众多，仅物理学一科已盈千累万，而晚清出版的西学书籍则相对为少，如江南制造局翻译馆 40 余年间译书仅 200 种，其中物理学著作只有 11 种①；《增版东西学书录》《译书经眼录》《西学书目答问》所收物理学著作分别为 38、14、29 种②。因此，只有充分挖掘研究期刊中的西学资料，才能更为全面地揭示晚清西学传播情况。

由此可见，西学在期刊中的刊行情况如何和期刊所载西学知识究竟达到何种程度，是目前西学东渐史研究中的薄弱环节。若不能理清这两个问题，就难以充分展现晚清西学传播的知识水平和期刊在西学传播中的地位和作用。因此，本书选择了基于期刊来分析西学内容的研究理路。由于西学涉及多个学科门类，难以一一加以全面系统的梳理，故将研究对象限定于物理学中光学一科。如是论域虽或狭窄，但可以"小题大做"，将所及问题研究得更加透彻。

二、研究文献综述

期刊是普及科技知识、传播科技观念、推进科技研究的重要媒质。光学是物理学的分支，梳理晚清期刊所载光学知

---

① 张增一：《江南制造局的译书活动》，载《近代史研究》1996 年第 3 期。熊月之认为，江南制造局翻译馆总计译书 180 种，见《西学东渐与晚清社会》，第 423 - 432 页。

② 熊月之主编：《晚清新学书目提要》，上海书店出版社 2007 年版。

识，无疑是考察当时物理学传播程度的重要途径。综观既往研究，专门基于晚清期刊来考察光学传播情况的文献不多，其有关研究大略散见于科技期刊史研究中。这些研究主要集中于两个领域：一是综合性研究，即从整体上考察了科技期刊的刊行情况、基本特征和社会影响；二是个案研究，即对某种或某些期刊予以考察，其中论及光学知识。

（一）综合性研究

在综合性研究成果中，以姚远等撰《中国大学科技期刊史》《中国近代科技期刊源流》最具代表性。前者比较系统地梳理了清末至民国高等院校、科研机构、学术社团和政府主管部门主办的各类科技期刊的刊行情况，不仅从时空角度阐明大学科技期刊的变迁过程，而且从人地关系角度探究了大学科技期刊产生、发展和传布的特点，基本勾勒出大学科技期刊的存在形态，揭示了其虽然置身大学但又超越大学而对社会文化所产生的影响。① 其学术价值或如论者所云：一则为考察高等院校、科研机构和学术团体的科研史研究提供了"新史料"；二则从期刊角度提供了科学家活动的"新线索"；三则为考察专业、学科的成长历程提供了"新依据"。② 后者则考察了1792—1949年我国科技期刊的起源和发展历程，分门别类，着重阐述了360多种科技期刊的创刊者、创停刊时间、创刊宗旨以及栏目设置、基本内容、代表性文章、办刊

① 姚远：《中国大学科技期刊史》，陕西师范大学出版社1997年版。
② 刘可风：《中国大学科技期刊史》的科技史学价值，载《西北大学学报》（自然科学版）1999年第2期。

特色、编辑思想和方法等情况，并开列《1792—1949 年中国科技期刊分区名录》，记录了 2845 种期刊的刊行与馆藏信息，揭示了我国科技期刊的区域分布特征和区域期刊出版中心的形成和变迁概貌，① 堪称"我国迄今最大规模的科技期刊史和期刊学术研究著作"②，其主要学术价值在于从整体上摸查了我国 150 多年科技期刊的刊行情况，首次比较系统地收集整理了近代历史给我们留下的这份宝贵的文化遗产，不仅拓宽了近代史、新闻史、科技史、文化史、出版史的研究视野，而且为当今科技文化传播、期刊文化建设以及学术研究提供有益的历史借鉴。此外，姚远还专文探讨了我国科技期刊的发生和发展历程，认为中国科技期刊是受唐宋以来千余年间报纸、丛书出版形式的启发和西方传教士的"上帝赐予"式的启发而产生的，其发展大体经历了古代报刊、书刊同源发展与分化离析时期，成型和初具规模时期、破坏和复苏时期和稳步发展时期等阶段。③

唐颖等也从科技传播角度着力考察了中国近代科技期刊的整体发展情况，其基本认识是：（1）就学科归属而言，近代科技期刊中，农学类期刊数居首，其次为气象、工程、地质、地理、生化、天文、物理等，明显地反映了当时重实效、疏理论的办刊特点；（2）就地域分布而论，近代科技期刊虽然近乎遍布各省市区，但以京、沪、苏、浙、粤、闽、川等

①　姚远、王睿等：《中国近代科技期刊源流》（上、中、下），山东教育出版社 2008 年版。

②　文灏：《抢救、保护与探索——读〈中国近代科技期刊源流〉》，载《咸阳师范学院学报》2010 年第 2 期。

③　姚远：《中国科技期刊源流与历史分期》，载《中国科技期刊研究》2005 年第 3 期。

省市为多,折射出文化发展程度与期刊分布的关系;(3)就刊行时间来看,近代科技期刊整体存续时间短,超过半数期刊不到一年,反映了动荡不安、积弱不振的近代时局对期刊创办的影响;(4)就创刊主体而言,1900 年之前,科技期刊多由书局、学社乃至个人主办,1900 年之后,多由高校、研究机构主办,专业水准提升。科技期刊充当了联系科技知识与民众的纽带,"神秘"的科技知识借以走到普通民众中间。①

　　同时,其他学者也分别从不同角度分析了晚清科技期刊的基本特征。如朱联营考察了我国近代科技期刊产生的社会背景、传播范围和社会影响,认为科技期刊随西学东渐之波而生,主要扮演三种角色:普及科技知识,整理科技资料,引介西方科技成果。② 王睿等人着重探析了中国近现代科技期刊起源与发展的特点,认为地域环境是影响科技期刊创办的关键性因素,中心城市以其所据政治、经济、文化等资源优势,明显影响着科技期刊的数量规模、学科种类与生存发展;从发展趋势看,近代科技期刊大体经历了孕育于文理综合性期刊,发展于综合性自然科学期刊的出现,成熟于各种分支学科期刊的创办的演进历程。③ 熊月之所著《西学东渐与晚清

---

① 唐颖:《中国近代科技期刊与科技传播》,华东师范大学硕士学位论文,2006 年;王伦信、陈洪杰、唐颖、王春秋:《中国近代民众科普史》,科学普及出版社 2007 年版。

② 朱联营:《中国科技期刊产生初探——中国科技期刊史纲之一》,载《延安大学学报》1991 年第 3 期;《简析中国科技期刊初创时期对科学技术的传播——中国科技期刊史纲之一》,载《延安大学学报》1992 年第 1 期;宋应离、朱联营、李明山:《中国期刊发展史》,河南大学出版社 2000 年版。

③ 王睿、宇文高峰等:《中国近现代科技期刊起源与发展的特点》,载《中国科技期刊研究》2007 年第 6 期。

社会》一书主要研究"西学东渐与晚清社会之间的关系"，其中不仅举例分析了各种西学书目及其基本内容，而且以《万国公报》《格致汇编》为典型，概述了其所传播的西学知识及其特点与影响，揭示了科技期刊与受众之间的互动关系和科技期刊在科技传播中的作用及西学东渐下平民的一般心态。①白瑞华著《中国报纸》也考察了中国近代报刊的引入和发展历程，其中论及诸如《中外新报》《万国公报》《小孩月报》《中西闻见录》《新学报》等载有科技知识的期刊的刊行情况及特点。② 赵晓兰、吴潮著《传教士中文报刊史》比较系统地梳理了传教士中文报刊的演变轨迹，对《遐迩贯珍》《中外新报》《中西闻见录》《格致汇编》《益闻录》《中外新闻七日录》《画图新报》《教会公报》《尚贤堂月报》《真光月报》《通问报》等刊载科技知识的报刊予以较深入的分析，认为这些报刊"担负了将西方先进的科学知识用汉语传入中国的重要功能，并在中国掀起了广泛的西学传播活动"③。

（二）个案研究

晚清时期，中外人士创办了不少传播科技知识的期刊，比较有代表性者有《六合丛谈》《中西闻见录》《格致汇编》《益闻录》《万国公报》《格致新报》《亚泉杂志》《数理化学会杂志》《知新报》《学报》《科学世界》等。学界对其中部分期刊已多有研究，兹将有关情况概述如下。

---

① 熊月之：《西学东渐与晚清社会》，中国人民大学出版社 2011 年版。
② 白瑞华：《中国报纸：1800—1912》，王海译，暨南大学出版社 2011 年版。
③ 赵晓兰、吴潮：《传教士中文报刊史》，复旦大学出版社 2011 年版。

《六合丛谈》由上海墨海书馆出版，是外国传教士在沪创办的首份近代期刊。杨勇比较系统地阐述了该刊的基本内容、办刊理念、办刊特色及其在西学传播中的作用，认为《六合丛谈》不但是宗教月刊的总结和典范，亦且为新型报刊的先声，其所载的西学知识虽然不够前沿，但毕竟有传播、普及西方近代科技之功，同时也促进了近代中文报刊的成长。① 杨琳琳通过考察《六合丛谈》的媒介组织形态及编辑传播群体，既阐述了该刊的办刊策略和风格，又以科学技术传播及新闻传播为突破口，分析了该刊的具体传播内容及其对中国科技史、中国新闻史带来的影响，认为其所载科技内容有较强的知识性和理论性，拓展了知识者的思维，影响了中国科学的发展，其以"和合观念"为指导的编辑策略，启发了新闻媒体的受众视角，扩大了期刊的影响力。② 凌素梅以《六合丛谈》中的新词为主要研究对象，集中考察了该刊的词汇系统的时代特色，认为这些新词上承古代汉语，下启现代汉语，对现代汉语词汇系统的形成起了举足轻重的作用。这些新词不仅为我们提供了大量的科学术语，是沟通我们与近代以后的新知识的媒介，而且为汉语词汇的进一步发展准备了一批造词成分和造词模式，在横向上大大增加了汉语词汇的数量。③

姚远等人梳理了《六合丛谈》所载数理化知识，认为它

---

① 杨勇：《〈六合丛谈〉研究》，苏州大学硕士学位论文，2009 年。
② 杨琳琳：《〈六合丛谈〉媒介形态及其编辑传播策略研究》，西北大学硕士学位论文，2010 年。
③ 凌素梅：《〈六合丛谈〉新词研究》，浙江财经学院硕士学位论文，2013 年。

最早传入巴贝奇和许茨的计算技术等数学知识，介绍了杠杆、滑轮、轮轴、斜面以及万有引力等物理学知识和化学变化、化学元素、化学反应及化学力等化学知识。[①] 八耳俊文着重考察了《六合丛谈》的性质、执笔者及其所载"西洋古典""基督教""科学""信息"等内容，认为该刊始终在自然神学的框架下致力于介绍自然科学，并一直向自然科学或科学技术与自然神学没有关系这样的思路发展，逐步实现了科学发展与宗教的分离；王扬宗、周振鹤则分别考察了《六合丛谈》所介绍的西方近代科学概念和科学词汇。[②]

《中西闻见录》由京都施医院主办，传教士丁韪良、艾约瑟等主编。张剑对其所载内容和作者进行了量化分析，认为该刊登载众多西方近代科技知识，既刷新了国人的识见，又促进了中国近代科学观念的产生和发展，成为西学东渐的一

---

①　姚远、杨琳琳、亢小玉：《〈六合丛谈〉与其数理化传播》，载《西北大学学报》（自然科学版）2010 年第 3 期。

②　八耳俊文：《在自然神学与自然科学之间——〈六合丛谈〉的科学传道》；王扬宗：《〈六合丛谈〉所介绍的西方科学知识及其在清末的影响》；周振鹤：《〈六合丛谈〉的编纂及其词汇》，皆载沈国威编著：《六合丛谈》，上海辞书出版社 2006 年版。

座桥梁。① 段海龙、冯立昇等比较系统地考察了《中西闻见录》的创刊缘由、整体内容、撰稿人及《中西闻见录》与《格致汇编》之间的关系，并对其中的数学、物理、医学和机械工程技术及相关的科技史内容进行了梳理，认为《中西闻见录》中的科技知识虽然从整体上讲学术性不是很强，但在普及西方近代科学技术方面产生了积极作用。② 张必胜统计了《中西闻见录》所载论文篇目，结论是：该刊共载论文361篇，有关科学技术方面者达166篇，约占45.9%，内容涵盖数理化、天文、地理、植物学、医学、矿业学等自然科学以及铁路建设、火车、轮船、玻璃制造等工程技术领域。③ 朱世培不仅考察了《中西闻见录》的创刊背景、主编、撰稿人及其经营情况，而且阐述了其基本内容与社会影响，认为它是"一份偏重科学的综合性刊物"，与洋务运动之间"还存在着相互推进、互相依赖的密切联系"。④

① 张剑：《〈中西闻见录〉述略——兼评其对西方科技的传播》，载《复旦学报》1995年第4期。

② 段海龙《〈中西闻见录〉研究》，内蒙古师范大学硕士学位论文，2006年；段海龙、冯立昇：《〈中西闻见录〉中的两则光学知识》，载《内蒙古师范大学学报》（自然科学汉文版）2005年第3期；段海龙、冯立昇、齐玉才：《〈中西闻见录〉中的物理学内容分析》，载《内蒙古师范大学学报》（自然科学汉文版）2011年第2期；段海龙、冯立昇：《〈中西闻见录〉中天文知识的内容分析》，载《西北大学学报》（自然科学版）2011年第2期。

③ 张必胜：《〈中西闻见录〉及其西方科学技术知识传播探析，载《贵州社会科学》2012年第8期。

④ 朱世培：《〈中西闻见录〉研究》，安徽大学硕士学位论文，2013年。

　　《格致汇编》由英国圣公会教士傅兰雅创办，是中国最早的科普期刊。王扬宗考察了其在清末科技传播中的贡献与影响，认为该刊以传播西方近代科技知识为宗旨，比较系统地介绍了近代天文、地理、地质、力学、热学、光学、化学、植物学、动物学等学科的基本常识，图文并茂，不尚深奥，注重实用技术，既获得读者的信赖，又刺激和促进了国人对西方科技的兴趣，其发行数量之多、范围之广，非同期江南制造局译书所能比拟。① 杨丽君等考察《格致汇编》的办刊始末，认为该刊是第一份脱离传播宗教而以传播"格致之学"为主旨的综合性中文科技期刊，其内容虽然以编译为主，但广及数学、物理学、化学、生物学、天文学、地质地理学、医学、工业、农业、商业等各学科、各行业的理论、方法、技术，为中国知识界开辟了一个丰富多彩的科学天窗。② 赵中亚、蔡文婷等也阐述了《格致汇编》所传播的科学知识，揭

----

　　① 王扬宗：《〈格致汇编〉与西方近代科技知识在清末的传播》，载《中国科技史料》1996 年第 1 期。

　　② 杨丽君、赵大良、姚远：《〈格致汇编〉的科技内容及意义》，载《辽宁工学院学报》2003 年第 2 期。

示了其在中国近代的科学启蒙意义。① 高海等人则比较系统地梳理了《格致汇编》中诸如物质形态、物质运动、万有引力、电学原理、光学原理、科学仪器等有关物理学知识，阐述了其在科技传播、学科建设、科技期刊建设等方面的作用。② 王强考察了《格致汇编》的编者与作者群体，认为该刊是由中西人士合作创办、编辑完成的中国第一份综合性科技期刊，在科学传播实践上，其所刊载的大量科技论著或译介、报道、演讲稿在一定程度上弥补了书籍传播范围小、读者反馈信息少的缺点，成为传播科技知识新的物质载体。③ 陈圆圆从技术史视角梳理了《格致汇编》中的轻工业技术，一定程度揭示其在提高大众科技认知水平方面的意义。④

① 赵中亚：《〈格致汇编〉与中国近代科学的启蒙》，复旦大学博士学位论文，2009 年；蔡文婷、刘树勇：《从〈格致汇编〉走出的晚清科普》，载《科普研究》2007 年第 1 期。

② 高海：《〈格致汇编〉中物理知识的分析》，内蒙古师范大学硕士学位论文，2008 年；高海、顾永杰：《关于〈格致汇编〉中的重学器研究》，载《山西大同大学学报》（自然科学版）2009 年第 1 期；高海、杜永清：《〈格致汇编〉对晚清物理学的影响》，载《山西大同大学学报》（自然科学版）2010 年第 3 期；高海、吕仕儒：《〈格致汇编〉中物理学仪器的引入》，载《山西大同大学学报》（自然科学版）2016 年第 1 期。

③ 王强：《〈格致汇编〉的编者与作者群体》，西北大学硕士学位论文，2008 年。

④ 陈圆圆：《〈格致汇编〉中轻工业技术及其传播效果探究》，南京信息工程大学硕士学位论文，2015 年。

　　《益闻录》由耶稣会创办于上海，后改组为《格致益闻汇报》《汇报》。孙潇等统计了该刊中有关自然科学知识的篇目，结论是它总计载有自然科学类文章878篇，其中地理类占57%、物理类占14%、工程技术类占13%、天文类占10%，增进了国人的西学知识。① 张慧民、姚远、魏梦月等考察了《格致益闻汇报》《汇报》的科技传播特色，认为该刊内容丰富，文体形式多样，插图精美，在报道中外时事的同时，又传播了声、光、化、电、矿、医、地以及植物学、动物学、天文学等自然科学知识与技术，于民智开发有积极的影响。②

　　《万国公报》由美国传教士林乐知创办，其前身为《中国教会新报》和《教会新报》。梁元生、贝奈特、熊月之、王林、邓绍根、雷晓彤等人的著述皆论及《万国公报》在西学

---

　　① 孙潇、姚远、卫玲：《〈益闻录〉及其自然科学知识传播探析》，载《西北大学学报》（自然科学版）2010年第1期。
　　② 张惠民、姚远：《〈格致益闻汇报〉与其科技传播特色研究》，载《西北大学学报》（自然科学版）2012年第6期；魏梦月、姚远：《〈汇报〉与其天文地理知识的传播》，载《西北大学学报》（自然科学版）2012年第2期。

东渐中的作用,^① 有谓《万国公报》是"传教士所办报纸杂志中,传播西学内容最多、影响最大"的刊物;有谓"《万国公报》对西学的介绍是它最有价值的部分,也是它在近代中国产生较大影响的原因之一";有谓《万国公报》对西方自然科学知识和社会科学知识的宣传,迎合了一部分进步知识分子渴求新知的心理,开启了他们的视野,并"促进了学校教学内容的改革,丰富了各级各类学校的教学内容""促进了教育内容的近代化";有谓《万国公报》较早地比较全面、系统、准确地传播了西学知识,是"晚清西学东渐的重要媒体";有谓《万国公报》所载西学知识"曾经是晚清学者文士认识世界的媒介,特别是了解近代西方世界的媒介"。

《格致新报》由法国上海天主教会主办。王雪梅对该刊栏目予以分析,重点介绍了"答问"篇有关内容,认为它具有

---

① 梁元生:《林乐知在华事业与〈万国公报〉》,香港中文大学出版社1978年版;王林:《〈万国公报〉研究》,北京师范大学博士学位论文,1996年;朱维铮:《求索真文明——晚清学术史论》,上海古籍出版社1996年版;邓绍根:《〈万国公报〉传播近代科技文化之研究》,福建师范大学硕士学位论文,2001年;贝奈特:《传教士新闻工作者在中国:林乐知和他的杂志》,广西师范大学出版社2014年版;熊月之:《西学东渐与晚清社会》,中国人民大学出版社2011年版;雷晓彤:《论晚清传教士报刊的西学传播——以〈万国公报〉为例》,载《北方论丛》2010年第2期。

科学启蒙之功用。① 胡浩宇以该刊为例，考察了晚清科普杂志的发展历程及其影响，认为它不仅是一份科普杂志，更重要的是它以激发和培育民众的科学兴趣、科学素养为志趣，以一种近代科技期刊的"雏形"形态推动了科技知识的传播，尽管其所载科技知识有限，但为此后专门化的科技期刊的创立提供了借鉴。② 田卫方着重考察了该刊的科技内容及意义，认为它进一步拓宽了西学在华的传播途径，既有助于引导民众形成正确的自然观，深化知识分子的科学认知，又推动了中国专业科技期刊的发展。③ 李婧、姚远对该刊所传播的理化和天文、地理学知识进行梳理，其结论是：《格致新报》并非一份纯粹科技期刊，而是一份以理为主的文理综合性期刊，其中合计刊载文章946篇，有关理化内容的篇目161篇，占其总数的17%，有关天文、地理内容的篇目68篇，占其总数的7.1%。其内容大体涵盖声、光、力、热、电、化、地等领域重要知识。与同期其他期刊相比，虽然内容显得零散陈旧，缺乏系统性，但无疑也传播了一些新知，具有重要的科普功能。④ 王志强、王晓影考察了该刊的创置、编辑情况，认为与其他科普杂志相比，《格致新报》更关心现实、关心时政，具

① 王雪梅：《播撒科学种子的〈格致新报〉》，载《文史杂志》1996年第6期。
② 胡浩宇：《简论晚清科普杂志的发展历程及其影响——以〈格致新报〉为例》，载《读与写》2009年第10期。
③ 田卫方：《〈格致新报〉的科技内容及意义》，载《科技情报开发与经济》2009年第7期。
④ 李婧、姚远：《〈格致新报〉及其理化知识传播新探》，载《西北大学学报》（自然科学版）2010年第4期；李婧、姚远：《〈格致新报〉及其天地之学传播》，载《商洛学院学报》2011年第4期。

有开启国人自办科普杂志先河之功。① 戴焕奇等梳理了《格致新报》"答问"栏目里科学知识，其结论是：该栏目共刊载11省市读者74人次的答问信息242条，其中物理学的读者来信共49条，占总其总数的20.2%。②

《利济学堂报》由浙江瑞安利济医院学堂主办。胡珠生概述了此刊的创办梗概，认为它上承《时务报》，下启《知新报》《湘学报》《经世报》等报，"显示出维新运动深入到沿海中小城市，具有一定的广度和深度"③。吴幼叶等考察了该刊的刊行情况与基本内容，其基本结论是，从新闻事业史的角度来看，《利济学堂报》成为衔接政治诉求与科技诉求的样本，在思想认识上一定程度刷新了人们的世界观、科学观和政治观，在学术建设上为近代学术的发展提供了制度性的支撑，在传播形式上与利济医学堂、利济医院和心兰书社构成

① 王志强、王晓影：《近代国人自办科普杂志之先河——〈格致新报〉浅议》，载《长春师范学院学报》（自然科学版）2012年12月。

② 戴焕奇、刘锋、高怀勇、张谢：《〈格致新报〉答问栏目的科学知识传播》，载《中国科技期刊研究》2013年第5期。

③ 胡珠生：《戊戌变法时期温州的〈利济学堂报〉》，载《浙江学刊》1987年第5期。

"四位一体、互为支撑的传播组织结构"，兼具教育传播、医疗传播、期刊传播和图书馆传播等多种功能，为其后高校学术科技期刊建设提供可资借鉴的经验。① 王睿等着重从传播学角度分析了该刊的特点，认为它不仅是中国高校专业科技学报的滥觞，亦且为中国早期重要中医期刊，其办刊模式及机制在晚清期刊史上别具一格，具有开创性。② 陈玉申也认为，该刊是中国高校创办的首份学报，其内容以医学为主但又不囿于医学，兼具学术研究与时政讨论功能，对传播新学、社会改良、思想革新具有推动作用。③

《亚泉杂志》是由杜亚泉创办的综合性科技期刊。谢振声

------

① 吴幼叶：《戊戌变法时期温州的〈利济学堂报〉——基于现代报刊视野的描述和分析》，西北大学硕士学位论文，2008年；吴幼叶、王睿、杜月英、郑俊海、姚远：《最早的高校科技学报〈利济学堂报〉及其中医传播》，载《西北大学学报》（自然科学版）2007年第5期。

② 王睿、姚远、姚树峰、吴幼叶：《晚清〈利济学堂报〉的科技传播创造》，载《编辑学报》2008年第3期。

③ 陈玉申：《〈利济学堂报〉考辨——兼论中国校报的起源》，载《新闻界》2007年第5期。

考察了该刊的刊行情况，将其认定为中国最早的化学期刊。①
苏力、姚远分析了该刊的基本特点，认为它是真正由国人自
行创办的内容以化学为主体的最早的综合性自然科学期刊，
其诞生标志着自然科学期刊脱离文理综合性期刊而成为专门
期刊。② 高峻考察了该刊的刊行情况与基本内容，认为它系统
而具体地报道了当时科技发展的最新动态，既拓展了我国学
界视野，又对科技探索有诱导功能，一定程度上推进了自然
科学研究的发展，具有承前启后的作用。③ 陈镱文、姚远考察
了《亚泉杂志》所载"气体液化"知识，认为该刊在中国首
次对近代低温物理中的气体液化进行了传播。④

---

① 谢振声：《我国最早的化学期刊——〈亚泉杂志〉》，载《新闻与传播研究》1987 年
第 3 期。

② 苏力、姚远：《中国综合性科学期刊的嚆矢〈亚泉杂志〉》，载《编辑学报》2001
年第 5 期。

③ 高峻：《中国最早的综合性自然科技期刊——〈亚泉杂志〉》，载《出版史料》2003
年第 2 期。

④ 陈镱文、姚远：《〈亚泉杂志〉之气体液化传播研究》，载《西北大学学报》（自然
科学版）2009 年第 6 期。

　　《知新报》是由何廷光、康广仁等人在澳门创办的维新期刊。何靖概述了该刊的创办过程及其所传播的西学知识。[1] 汤仁泽、郭明容着重论述了该刊的地位和作用，认为《知新报》积极宣传维新主张，鼓吹康变法理论，传播西方科技知识，抨击时弊，为变法维新运动做了宣传，引起了巨大的震动和广泛的社会影响，为推动维新运动起了明显的作用。[2] 卢娟考察了《知新报》的创办情况及其与中国教育近代化、中西文化交流的关系，认为该刊"大量及时"地译介了西方科技知识，弥补了同期国内其他报刊"译报则政详而艺略"的不足，成为维新派在华南地区的喉舌。[3] 张惠民、姚远考察了该刊所传播的科技知识及其意义，认为它是清末维新派人士在澳门创办的重要言论报，也是注重科学技术宣传的阵地；它将西方诸如元素周期表、摄影技术、电话电报、汽车、飞机等足以引动国人眼球的重要科技理论和发明创造介绍给中国读者，促进了科技传播，有助于深化国人对近代科学技术的认知。[4] 董贵成探讨了《知新报》在戊戌维新期间所发挥的作用，认为它跟踪世界科技发展动态，介绍了最新科技成果，阐述了科技进步对社会的推动作用，揭示了科技发展的社会环境，

---

①　何靖：《论澳门〈知新报〉》，载《岭南文史》1988 年第 1 期。
②　汤仁泽：《维新运动时期的澳门〈知新报〉》，载《史林》1998 年第 1 期；郭明容：《浅谈澳门〈知新报〉的进步作用》，载《四川师范学院学报》（哲学社会科学版）1999 年第 4 期。
③　卢娟：《晚清澳门〈知新报〉研究》，暨南大学硕士学位论文，2007 年。
④　张惠民、姚远：《〈知新报〉与其西方科技传播研究》，载《西北大学学报》（自然科学版）2009 年第 6 期。

是维新派进行科技传播的重要阵地。①

《湘学报》是近代湖南的第一份新式报纸，其前身为《湘学新报》。翟宁从多角度考察了该刊的刊行情况、编辑策略、基本内容和历史地位。基本结论是：该刊所载文章涵盖多种学科，非其他维新派报刊所能比拟，在传播新学、推进改革方面具有重要作用。② 辛文思、卢刚也考察了《湘学报》的刊行情况与社会影响，认为它是一份以介绍"新学"、鼓吹变法为宗旨的综合性理论刊物，是湖南维新变法的重要舆论阵地。③

《关中学报》是创办于陕西三原的一份文理综合性学术期刊，其办刊宗旨重在传播"新道德、新智识、新技艺"。张惠民既考察了该刊的内容、特色及其历史作用，又阐述了该刊的传播理念和科技传播实践，认为它"在介绍西方的物理学、化学、人体科学、石油、工业制造、电讯等方面起了重要作

① 董贵成：《维新派报纸对科学技术的宣传——以〈时务报〉〈知新报〉为舆论中心》，载《自然辩证法研究》2005 年第 21 期。

② 翟宁：《〈湘学报〉研究》，湖南师范大学硕士学位论文，2012 年。

③ 辛文思：《〈湘报〉和〈湘学报〉》，载《新闻与传播研究》1982 年第 3 期；卢刚：《唐才常与〈湘学报〉〈湘报〉》，载《船山学刊》2003 年第 2 期。

用，成为传播西方先进科技知识的前沿阵地"①。

《学桴》为东吴大学堂创办的学术期刊，后更名《东吴月报》。王国平等考察了该刊的基本特点和内容，认为它是最早的中国大学学报，揭开了具有现代意义的中国大学创办学术杂志的序幕。② 姚远、亢小玉认为，该刊是我国综合性大学学报的先声，其所载内容涉及科学教育、地理、植物等学科，但创新性、学术性不足。③

《点石斋画报》由《申报》馆主办，为中国画报的先声，在西学东渐中发挥了一定的作用。陈平原认为该刊以"画报"体式形象地再现了"时事与新知"，成为一种雅俗共赏西学东渐载体。④ 王斌、戴吾三对该报所载 4600 余幅图画进行统计分析，认为与科技相关者有 280 余幅，向读者展示了不少西

---

①　张惠民：《〈关中学报〉的内容特色及其历史作用》，载《新闻与传播研究》，2003年第 1 期，第 80 - 85 页；张惠民：《〈关中学报〉的传播理念及其科技传播实践》，载《河北农业大学学报》（农林教育版）2005 第 4 期。

②　王国平、熊月之：《最早的中国大学学报——东吴学报创刊号〈学桴〉解读》，载《苏州大学学报》（哲学社会科学版）2006 年第 3 期；龙协涛：《〈学桴〉扬帆百舸争流》，载《河南大学学报》（社会科学版）2006 年第 6 期。

③　姚远、亢小玉：《中国文理综合性大学学报考》，载《中国科技期刊研究》2006 年第 1期。

④　陈平原：《晚清人眼中的西学东渐——以〈点石斋画报〉为中心》，陈平原：《点石斋画报选》，贵州教育出版社 2000 年版。

方的新知，从中可窥到国人对西学的认知情况。① 桑付鱼研究了《点石斋画报》中的科技图文，认为该刊虽然具有肤浅、臆想、零碎等不足，但毕竟显现了不少科技印迹，扩展了普通民众的视野，具有启蒙作用。② 殷秀成认为，该刊内容丰富，题材广泛，除风土人情、时事新闻外，载有不少科技新知，其图片多达 260 余幅，广人闻见，推进了西方科技在华的传播。③ 邓绍根、戴吾三分别以《点石斋画报》中"宝镜新奇"一图为素材，论证了苏州博习医院引进的 X 光机是中国最早的 X 光诊断机。④ 王馨荣考察了《点石斋画报》里的博习医院旧闻与新知，认为"奇闻""果报""新知""时事"共同构成了该报的主体，其中留有显明的西学东渐印迹。⑤ 陈超对《点石斋画报》传播的"新知"予以分类统计，认为该刊在"新知传播"上具有高度的"自觉性"，具有形象化、新闻化、趣味化的特征，"既体现了编者与作者的文化理想，也是为了适应上海民众的欣赏口味"⑥。

---

① 王斌、戴吾三：《从〈点石斋画报〉看西方科技在中国的传播》，载《科普研究》2006 年第 3 期。

② 桑付鱼：《〈点石斋画报〉与晚清社会科技文化的传播》，福建师范大学硕士学位论文，2011 年。

③ 殷秀成：《中西文化碰撞与融合背景下的传播图景——〈点石斋画报〉研究》，湖南师范大学硕士学位论文，2009 年。

④ 邓绍根：《中国第一台 X 光诊断机的引进》，载《中华医史杂志》2002 年第 2 期；戴吾三：《1897 年苏州博习医院引入简易 X 光机》，载《中国科技史料》2002 年第 3 期。

⑤ 王馨荣：《〈点石斋画报〉里的博习医院旧闻与新知》，载《档案与建设》2009 年第 1 期。

⑥ 陈超：《〈点石斋画报〉的新知传播研究》，黑龙江大学硕士学位论文，2013 年。

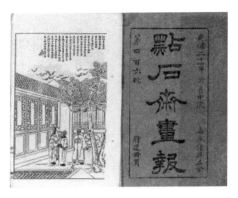

　　《科学世界》由上海科学仪器馆主办，是国人"自办的较早的综合性自然科学"期刊。谢振声通过考察该刊与上海科学仪器馆的关系，认为其创办与所开展的活动对中国近代科技、科学教育事业和民族工业的发展具有一定的促进作用。[1] 姚远则论述了该刊的办刊理念及其传播的理化知识，认为《科学世界》是国人所办首份纯粹科学期刊，所载知识涵盖所有自然学科，在我国期刊演进史上具有主要意义。[2] 咏梅、段海龙举列了《科学世界》等刊中若干物理学篇目及其知识点[3]，王细荣、潘新考察了该刊的基本特点，认为它与此前的《亚泉杂志》《普通学报》一脉相承，具有承继关系，在推进近代科学中国化的进程中具有一定的作用，"不应该被后世所遗忘"。[4]

---

　　① 谢振声：《上海科学仪器馆与〈科学世界〉》，载《中国科技史料》1989 年第 2 期。
　　② 姚远、卫玲、亢小玉：《〈科学世界〉开创的办刊新理念》，载《编辑学报》2003 年第 4 期；姚远：《〈科学世界〉及其物理学和化学知识传播》，载《西北大学学报》（自然科学版）2010 年第 5 期。
　　③ 咏梅、段海龙：《清末留日学生创办科学期刊中的物理学内容分析》，载《内蒙古师范大学》（自然科学汉文版）2013 年第 1 期。
　　④ 王细荣、潘新：《中国近代期刊〈科学世界〉的查考与分析》，载《中国科技期刊研究》2014 年第 4 期。

此外，还有学者考察了分别由湘、浙留日学生创办于日本东京的《游学译编》和《浙江潮》。如杜京容、陈小亮比较系统地分析了《游学译编》的创刊发行情况，阐述了其中所载西学知识及其传播效果。① 姚远、吕旸分析了《浙江潮》所载科学知识，认为该刊以"输入文明"为己任，介绍了一些理化知识，堪称"近现代史上留学生期刊传播科学思想的成功案例。"②

三、研究思路

综上所述，学术界从宏微观角度论及晚清期刊尤其是科技期刊与科技知识的传播情况，其主要成就是从总体上阐明了晚清科技期刊的发展脉络和基本特点，特别是对其中某些

---

① 杜京容：《清末留学生刊物〈游学译编〉研究》，华中师范大学硕士学位论文，2014 年；陈小亮：《〈游学译编〉与西学的传播》，湖南师范大学硕士学位论文，2015 年。

② 姚远、吕旸：《〈浙江潮〉与其科学思想传播研究》，载《西北大学学报》（自然科学版）2013 年第 6 期；吕旸：《〈浙江潮〉与其科教传播研究》，西北大学硕士学位论文，2014 年。

重要期刊，从创办人、创办机构到创刊宗旨、栏目设置、基本内容以及期刊沿革、编辑策略、社会影响等方面皆予以比较深入的探讨，同时也不同程度地论及各类科技知识，为进一步研究奠定了基础。但因晚清期刊与科技传播是一个比较大的研究领域，不仅涉及多个学科门类、众多期刊，而且涉及科技传播领域众多环节，故仍留有较大研究空间。概而言之，目前研究成果主要存在如下不足：

其一，这些成果主要散见于新闻史、报刊史、出版史、宗教史、中西文化交流史等著述中，并未从科技史视角系统地考察晚清科技知识的传播情况；

其二，所利用的资料仅限于少数期刊，未能对刊载科技知识的期刊予以比较全面的梳理；

其三，只是零星地、举要式地介绍了一些科技知识，未从整体上对科技知识体系予以考察，专门考察光学的著述尚付阙如。

因此，全面梳理晚清期刊所载科技文献，分析其所及知识深度与广度，仍然是晚清期刊史、科技史研究所面临的重要任务。

西学传播是由传播者借传播媒介而将西学传播于众的过程，其中涉及"传播主体（中外译员、学校教习、报刊编辑）、传播机构（译书机构、新式学校）、传播内容、传播方式、传播过程、受众对象、受众反应"等多个环节①。本书显

①　熊月之：《西学东渐与晚清社会》，中国人民大学出版社 2011 年版，第 2 页。

然难以将每一个传播环节都予以充分阐释，故选择"传播内容"这一比较薄弱的研究领域作为研究对象。基于这一认识，本书拟按如下思路来考察晚清光学的传播历程：

第一，力求系统地摸查晚清期刊中光学篇目的刊载情况，以期在文献上更全面地展现光学的传播概貌；

第二，通过这些光学篇目来分析其所含内容，以期更深入地揭示晚清光学研究与传播所达到知识程度；

第三，以光学理论与应用为基本线索，逐次梳理其相关知识，以期更清晰地展示晚清光学的知识结构。

简言之，与既往研究相比，本书考察的重点和难点不在传播主体、传播机构和传播媒质，而在光学知识体系和结构。在西学东渐过程中，无论是传播主体、传播机构，抑或是传播媒质、传播方式，不过是西学得以东渐的实施者和传播途径，而非西学本身。只有阐明光学的知识体系和结构，才能更深入地了解当时我国物理学的发展情况，才能有助于更深入地了解中国学科近代化的历程。

第一章　晚清期刊及其
所载光学篇目

晚清期刊门类众多，本书既拟通过期刊资料来梳理光学知识的传入情况，有必要先行理清晚清主要有哪些期刊载有光学知识，晚清期刊主要刊载了哪些光学篇目。

一、晚清刊载物理学知识的期刊

光学是一门研究光的行为、性质以及光和物质相互作用的物理学分支学科。《格致汇编》有文曰："论光之性情，并人目能见之理者，谓之光学。"[1] 中国物理知识和技术虽然源远流长，但以"物理学"（Physics）为名而存在的物理学科则始于晚清。笔者以"物理"为关键词，对上海图书馆编《晚清期刊全文数据库》（1833—1911）进行检索，其题名中含有"物理"一词者计 101 篇。文献显示，至迟在1898—1899 年我国开始出现以"物理"为术语的学科概念，

---

[1] 《格致略论》（第一百十六），载《格致汇编》1976 年第 1 卷秋。

1900 年后这一概念又进一步被人认可，1908 年商务印书出版的由官方审订的《物理学语汇》将物理学正式确定为通用学科名词。

　　晚清约略出版各类中文期刊 2200 多种①，光学知识主要载于刊载物理学知识的科技期刊和某些综合性期刊中，其中到底有多少种期刊载有物理学内容，迄无定论。姚远等编著的《中国近代科技期刊源流》着重概述了 1815—1911 年出版的 36 种科技期刊②，谢清果著《中国近代科技传播史》开列了晚清 27 种重要科技期刊③，王伦信等著《中国近代民众科普史》表列了清末国人主办的 15 种重要科技期刊④。这些期刊多数载有物理学方面的知识，在科技传播中占有重要地位。据笔者初步摸查，晚清至少有 90 种期刊载有比较多的物理学文献，其中或多或少涉及光学知识，其刊行简况参见表 1 – 1 – 1。

---

　　① 晚清时期所出版的期刊数量，学界尚未有统一认识。上海图书馆编《晚清期刊全文数据库》共收录 1833—1911 年间出版的 300 余种期刊；史和等编《中国近代报刊名录》共收录 1815—1911 年间国内外出版的中文报刊 1753 种和国内出版的外文报刊 136 种，合计 1889 种。笔者据目前刊行的主要报刊文献资料及有关研究著作统计，1815—1911 年，国内外出版的中文报刊（含汉文和少数民族文字）约计 2200 余种（期刊更名单独计）。
　　② 姚远、王睿等：《中国近代科技期刊源流》（上），山东教育出版社 2008 年版。
　　③ 谢清果：《中国近代科技传播史》，科学出版社 2011 年版，第 362 – 364 页。
　　④ 王伦信、陈洪杰等：《中国近代民众科普史》，科学普及出版社 2007 年版，第 89 – 90 页。

表 1 - 1 - 1　晚清刊载物理学知识的期刊①

序号	期刊名称	创刊时间与地点	简况
1	六合丛谈	咸丰七年正月初一日 上海	月刊。墨海书馆印行。英国伦敦传教会教士伟烈亚力（Alexander Wylie）主编，教士慕维廉（William Muirhead）、艾约瑟（Joseph Edkins）、韦廉臣（Alexander Williamson）等编撰，王韬等笔述。其办刊宗旨是"通中外之情、载远近之事、尽古今之度"，内容除教义、新闻、商情外，还载有自然科学知识。同年十二月停刊。
2	中外新闻七日录	同治四年元月初七日 广州	周刊。英国伦敦传教会教士湛约翰（John Chalmers）创办、主笔，英国教士丹拿（Rev. turner）、美国教士丕思业（Charles Finney Preston）等先后接编。其办刊宗旨是传播格致知识，增广民众闻见，主要刊载中外新闻、科技知识和商业广告以及文艺、宗教等。同治九年停刊。
3	中国教会新报	同治七年七月十九日 上海	周刊。美国基督教监理会教士林乐知（Young John Allen）创办、主笔，英国传教士慕维廉、艾约瑟等协办。上海林华书院出版发行。所载内容以教义为主，亦有理化知识、时政要闻和商业行情等。同治十一年七月更名为《教会新报》，林乐知主编，华美书馆印行。所载内容包括政事、教务、新闻、杂录、格致等。同治十三年七月五日改名为《万国公报》。
4	中西闻见录	同治十一年七月 北京	月刊。京都施医院主办。美国北长老会教士丁韪良（William Alexander Parsons Martin），英国传教士艾约瑟、包尔腾（John Shaw Burdon）等主笔。以刊载天文、地理、水利、数学、物理、医学、制造等知识性文章为主，另设各国近事、杂记、寓言等栏。图文并茂。光绪元年七月停刊。

---

① 本表主要依据晚清报刊和有关研究著作，如戈公振著《中国报学史》、上海图书馆编《中国近代期刊篇目汇录》、方汉奇著《中国近代报刊史》、方汉奇主编《中国新闻事业编年史》、史和等编《中国近代报刊名录》等资料编制。如遇期刊更名，一般只列其中一种，如《学桴》更名为《东吴月报》，只列《学桴》条目，不另列《东吴月报》。个别报刊如《万国公报》，虽由《教会新报》更名而来，因其影响力很大，则单列条目。

序号	期刊名称	创刊时间与地点	简况
5	小孩月报	同治十三年元月 广州	月刊。美国北长老会传教士嘉约翰（John Glasgow Kerr）创办。翌年，由美国北长老会传教士范约翰（John Marshall Willough by Farnham）接办，迁至上海出版，由清心书院发行。其办刊宗旨是："俾童子观之，一可渐悟天道，二可推广见闻，三可辟得机灵，四可长其文学。"设有格致、博物、传记、诗歌、故事等栏目。光绪七年改名《月报》。
6	万国公报	同治十三年七月二十五日 上海	周刊。由《教会新报》更名而来。林乐知主编，范祎、任廷旭襄理。华美书馆印刷。其办刊主旨是推广西方"一般进步知识"，主要刊载论说时评、中外新闻、经济动态、科学知识等内容，被誉为"西学新知之总荟"。光绪九年六月休刊。光绪十五年正月复刊，改月刊，以同文书会（后称广学会）为依托，林乐知、英国浸礼会教士李提摩太（Timothy Richard）以及国人沈毓桂、蔡尔康等主笔，以教政本、登中西互有裨益之事为主旨。晚期设社论、时局、译谈、外稿、杂著、智丛等栏目，其中多含科技知识。光绪三十三年十一月停刊。
7	格致汇编	光绪二年正月二十三日 上海	月刊，后改季刊。其前身为《中西闻见录》。英国圣公会教士傅兰雅（John Fryer）创办、主编。其办刊宗旨是传播西学、开聪益智，"冀中国能广兴格致，至中西一辙尔。"刊有格致、格物、新式机械、工艺、天文、地理等文，另设算学奇题、格物杂说、互相问答等栏。其间因故两度停刊，而后复刊。光绪十八年冬停刊。
8	益闻录	光绪四年十一月二十三日 上海	半月刊，后改为周刊、每周两刊。上海天主教会创办，《益闻报》馆发行，土山湾印书馆①承印。李杕主编，后聘周毅助协助。其办刊宗旨为"使阅者知西学而识时务"。设谕旨、耶稣传录、奏折记件、京报照录、伦敦电音、西报译登、东报译登等栏，内容以科学和时事为主。光绪二十四年七月初一日与《格致新报》合并，更名为《格致益闻汇报》。

———————————

① 土山湾印书馆是"中国天主教最早、最大的出版机构"，主要出版宗教书刊、经本、图像、年历、教科书以及中、英、法、拉丁文书籍。

续表

序号	期刊名称	创刊时间与地点	简况
9	花图新报	光绪六年五月初一日 上海	月刊。美国北长老会教士范约翰创办。清心书院印行。其内容系以图画为形式，表现有关圣经故事、中外新闻、科学技术和文学等方面的知识。翌年自第二卷开始更名为《画图新报》，改由上海中国圣教书会发行。民国三年更名《新民报》。
10	点石斋画报	光绪十年四月十四日 上海	旬刊。《申报》馆主办，吴友如主编，点石斋印书局刊行。其办刊方式是"仿照西人成式，一切新闻采皆自中外各报"，所载多为时事、人物、社会风情等，上文下图，内含科技知识。随《申报》附送，亦单独发行。光绪二十四年停刊。
11	益文月报	光绪十三年正月 汉口	月刊。前身为创刊于光绪九年的《武汉近世编》。基督教伦敦圣教书会主办，汉口伦敦会医院医师杨鉴堂等撰述。所载主要内容一为天文、地理、格物、医学等知识；二为新法、新知、新闻；三为诗词、歌赋等文学作品。
12	知新报	光绪二十三年正月二十一日 澳门	五日刊后改旬刊、半月刊。维新人士创办，何廷光、康广仁总理，梁启超、徐勤、林旭、麦孟华等撰述，并有外国人参与其事。其办刊宗旨是仿《格致汇编》之例，译述西方工矿、工艺、格致、政事等知识，以补《时务报》"详于政而略于艺"之不足。主要设上谕恭录、各国近事、京外近事、工事、商事、矿事、农事、格致撮录、路电择录等栏，对科技知识多有介绍。后改旬刊、半月刊。光绪二十六年末停刊。
13	通学报	光绪二十三年正月 上海	旬刊，后改月刊。任独主编。所载主要为外语教学研究资料，内容涉及数学、物理、化学、历史、地理诸科，通俗易懂。宣统三年停刊。
14	湘学新报	光绪二十三年三月二十一日 长沙	旬刊。长沙校经书院发行①。湖南官员江标、徐仁铸、黄遵宪等督办，蔡钟濬总理，唐才常、陈为镒、李钧蒲等主撰。以不谈朝政官常，专门"讲求实学"为宗旨，除登载朝旨、章奏外，设史学、掌故、舆地、算学、商学、交涉等栏，致力于新知的传播。同年十月改名《湘学报》，翌年六月二十一日停刊。

① 校经书院由湖南巡抚吴荣光于 1833 年创办于长沙，传授经史之学，提倡经世致用。晚清时借鉴西方教育制度进行改革，创办了《湘学报》和实学会，成为集学校、报刊和学会于一体的文化教育机构。

序号	期刊名称	创刊时间与地点	简况
15	集成报	光绪二十三年四月初五日 上海	旬刊。文摘报。陈念蕆主办。以讲求时事，博综群言为宗旨，其内容皆摘自中外各报。初未设栏，后陆续开设谕旨、章奏、论说、政事、军事、矿事、农事、商事、工事、杂事、各国电音等栏。次年闰三月停刊。
16	尚贤堂月报	光绪二十三年五月 北京	月刊。美国传教士李佳白（Gilbert Reid）倡设的尚贤堂①主办，丁韪良主编。以"益国利民，拓人聪明"为办刊宗旨，所载内容略可分为时论、新学、新闻等类，新学又以格致、富国策和心理学为主，意在"启发愚蒙，增益智慧。"旋而更名《新学月报》，翌年四月停刊。
17	经世报	光绪二十三年七月初五日 杭州	旬刊。浙江举人胡道南、童学琦创办。章太炎、宋恕、陈虬等撰述。以宣传变法、介绍西学为办刊主旨。主要栏目有本馆论说、工政、农政、商政、学政、兵政、外交、格致、中外新闻、兴浙文编等。著译兼收。同年十二月停刊。
18	新学报	光绪二十三年七月初十日 上海	半月刊。上海新学会与算学会编辑②，算学家叶耀元总撰。以振兴教学、切磋人才为宗旨，以介绍自然科学知识为主，设圣谕广训恭录、算学、政学、医学、博物等栏。翌年十一月停刊。
19	实学报	光绪二十三年七月二十五日 上海	旬刊。王仁俊总理，章炳麟总撰。其创刊宗旨是"讲求学问、考核名实"，办刊思路是"博求通议，广译各报"。设天学、地学、人学、物学四部，内分实学平议、实学通论、章奏汇编、东报辑译、英报辑译、法文书译、实学报馆文编等栏，论及政经、文史、舆地、科技等内容。停刊时间不详。
20	求是报	光绪二十三年八月十一日 上海	旬刊。陈季同、陈寿彭等旅沪闽省官绅创办，陈衍、曾仰东主编。以"不著议论"，但求研究实事为办刊主旨。除首载谕旨恭录、末附路透电音外，设内外两编。内编含交涉类编、时事类编、附录等栏；外编含西报译编、西国新译、制造类编、格致类编、泰西裨编等栏。其内容多译自法文。翌年停刊。

① 尚贤堂是由美国传教士李佳白创办的文化机构，1897 年在北京宣告成立，为当时重要的传播西学机构。

② 新学会由算学家叶耀元于 1896 年在上海创立，以"讲求各种新学，译著新书新报，志在扶植世运、砥砺人才"为宗旨。旋而叶耀元在上海又创建算学会。

续表

序号	期刊名称	创刊时间与地点	简况
21	蒙学报	光绪二十三年十一月初一日 上海	周刊。蒙学公会创办①，汪康年总董，汪仲霖总理，叶瀚总撰，叶耀元总图绘。以"童幼男女，均蒙教化"为宗旨，分上、下编，设教育、卫生、文学、算学、智学、舆地、史学、格致等类，分别向初小、高小之教学提供教法及教材，图文并重。后改为旬刊，分上、中、下编，增加面向中学之部分。出至三十八期后更名《蒙学书报》。光绪二十五年停刊。
22	岭学报	光绪二十四年正月二十日 广州	旬刊。潘衍桐、黎国廉等倡办，黎国廉总理，朱淇、康伟奇、潘安叔等撰述，翻译李承恩、尹端模。以考订西学西政之源流与得失为宗旨。设国政、邦交、文教、武备、史学、民事六大门类，以考据之法，分门考察西学西政，采其精华，以供众览。停刊时间不详。
23	格致新报	光绪二十四年二月二十一日 上海	旬刊。亦名《格致新闻》。法国上海天主教会主办。朱开甲、王显理主持。商务印书馆承印。其办刊宗旨是传播新学，以"启维新之机"。设有格致初桄、格致新义、答问、论说、时事新闻等栏目，所涉内容包括数学、物理、化学、生物、医药、舆地、矿学、军事及政治、经济、法律等。同年七月初一日与《益闻录》合并，易名为《格致益闻汇报》。
24	格致益闻汇报	光绪二十四年七月初一日 上海	每周发行二号。由《格致新报》与《益闻录》合并而来。耶稣会主办，李杕主编。其办刊宗旨是，讲求传播新学，以达到"阅者知西学而识时务"的目的。主要设有论说、时事新闻、科学问答、格致新义、电音汇译等栏目，其内容多连载西方物理、生物、动物、天文、地理、医学等类书籍。光绪二十五年七月初四日更名《汇报》，分为两刊出版：一刊为《汇报/时事汇录》，一刊为《汇报/科学杂志》；宣统元年两刊合并，仍名《汇报》；三年停刊。
25	亚泉杂志	光绪二十六年十月初八日 上海	半月刊，后改月刊。综合性自然科学期刊。亚泉学馆主办，杜亚泉主编。其办刊宗旨是刊载数理化农工商各科知识技术，推动新学的传播，其内容以化学类文献居多。翌年四月二十三日停刊。

① 蒙学公会由汪康年、曾敬贻、叶瀚、王钟霖等于1897年创建于上海，其宗旨是开展启蒙教育，"务欲童幼男女，均沾教化"。

序号	期刊名称	创刊时间与地点	简况
26	教育世界	光绪二十七年三月二十一日 上海	旬刊，后改半月刊。罗振玉、王国维创办。其创刊宗旨是："引诸家精理微言以供研究"；"载各国良法宏规以资则效"；"录名人嘉言懿行以示激劝"。初设文部、文篇、学校、译篇、卫生等栏，后又增设论说、代论、译述、视学报告、学术史等栏。初以翻译日本教育著述为主，后兼及英、美。所载内容不仅包括学校管理、学校学制、教育史、教育思想，而且也论及科学技术知识。光绪三十三年末停刊。
27	南洋七日报	光绪二十七年八月初三日 上海	周刊。孙鼎、陈国熙、赵连壁主办。以"去新旧党援、泯中西畛域"为办刊宗旨，除广告外，设本馆论说、时事六门（内政、外交、理财、经武、格物、考工、杂附）、汇论、算学、译编、奏疏、课艺、附件等栏。翌年三月停刊。
28	普通学报	光绪二十七年九月 上海	月刊。杜亚泉主编，普通学书室刊行。设有文学科、史学科、经学科、算学科、博物学科、格物学科、外国语学科等栏，内容不仅涵盖自然学科，也包括文史哲、时政、管理等人文社会学科，可谓一种综合性杂志。翌年四月停刊。
29	新民丛报	光绪二十八年正月初一日 横滨	初为半月刊，后不定期发行。梁启超创办并主编，冯紫珊负责编辑兼发行，蒋智由、韩文举、麦孟华、马君武等撰稿。创刊宗旨是，"广罗政学理论以为智育之本原""养吾人国家思想"。所设栏目众多，要者为学说、学术、教育、地理、史传、政治、财政、法律、农工商、译述、名家丛谈等，其中述及科学技术知识。光绪三十三年十一月十五日停刊。
30	政艺通报	光绪二十八年正月十五日 上海	半月刊，后改月刊。邓实等创办。邓实、马叙伦等先后主编。以论政言艺，通古今中外，了然兴利革弊为办刊宗旨。设立上下两篇：上篇言政，内含政学文编、内政通纪、外政通纪、政书通辑、政艺文钞、政治要电等内容；下篇言艺，内含艺事通纪、艺学文编、艺书通辑等内容。光绪三十四年二月十五日停刊。
31	真光月报	光绪二十八年正月 广州	月刊。美国基督教南浸信会传教士湛罗弼（Robert Edward Chambers）创办、总理，美华浸信会书局印行，廖云翔、陈新民等协理。办刊宗旨是，报道教会消息，发扬"基督真理辉光"，兼述格致新闻。主要设立论说、格致、新闻、杂说等栏目，其中多有科技知识介绍。后更名为《真光杂志》；光绪三十二年易名《真光报》；一九一六年易名《真光》；一九一七年又复名《真光杂志》；一九四一年停刊。

续表

序号	期刊名称	创刊时间与地点	简况
32	经济丛编	光绪二十八年二月十五日 北京	半月刊。北京华北译书局编辑出版。办刊宗旨是，经纶天下，博世济众。主要栏目有格致、教育、理财、农工商、法律、舆论等，其中述及科技知识。光绪三十年三月二十九日，易名《北京杂志》，旋而停刊。
33	鹭江报	光绪二十八年三月二十一日 厦门	旬刊。英传教士山雅各（James Sadler）在英领事馆支持下创办、主编，马约翰、胡修德、冯葆瑛、陈梦坡、连横等编辑。设论说、谕旨恭录、紧要奏折、中国时务、外国时务、本埠近事、闽峤近事、西文译编、电音汇录等栏及广告，载有科技知识。光绪三十一年停刊。
34	通问报	光绪二十八年五月初六日 上海	周刊。美国基督教长老会主办，传教士吴板桥（Samuell Isett Woodbridge）主持，陈春生主编。华美书馆印刷。设教会纪闻、信徒记传、瀛寰丛录、益智丛录、经题讲义、小说、圣日学课等栏。一九五〇年十二月停刊。
35	新世界学报	光绪二十八年八月初一日 上海	半月刊。赵祖德主办，有耻氏发行，陈黻宸总撰，马叙伦、杜士珍、汤尔和等撰稿。其办刊宗旨是，汇通古今中外学术，吸纳学界最新成果，"以传诸人，以垂述后"。其内容总计设有十八栏，即经学、史学、心理学、伦理学、政治学、法律学、地理学、物理学、理财学、农学、工学、商学、兵学、医学、算学、辞学、教育学和宗教学，比较完整地体现了近代学科体系。翌年四月初一日停刊。
36	北洋官报	光绪二十八年十一月二十六日 天津	二日刊。又名《直隶官报》。北洋官报总局主办。其办刊主旨是，启发民智，疏通民情，力除上下隔阂之弊。主要栏目有宫门钞、奏议录要、各国新闻、外省新闻、畿辅近事等栏目，兼具政府公报、新闻报纸、学术刊物三重性质，内容涵盖时政、外交、吏政、户政、农政、兵政、商务、生理、医学等各领域，其中多有探讨中西学术之文章。又在保定、北京设分局出版。
37	湖北学生界	光绪二十九年正月初一日 东京	月刊。留日鄂省同乡会主办，刘成禺、李书城等主其事，尹援一、王璟芳、窦燕石等编辑、发行，撰稿者多为鄂籍人士。以"输入东西之学说、唤起国民之精神"为办刊宗旨。设立论说、学说、政治、教育、军事、经济、实业（农学、工学、商学）、理科、医学、史学、地理、小说、词薮、杂俎、时评、外事、国闻和留学纪录等十八个栏目。在武昌、上海、江苏、北京、天津、湖南等多地发行。同年自第六期更名《汉声》，八月停刊。

序号	期刊名称	创刊时间与地点	简况
38	湖北学报	光绪二十九年正月十五日 武昌	旬刊。以培智育人、振兴实业为创刊宗旨。主要刊载史地、教育、外交、学务等方面的文章，其内容多译自日本书报。光绪三十一年易名《湖北教育官报》，并改为月刊发行。
39	浙江潮	光绪二十九年正月二十日 东京	月刊。留日浙江同乡会主办。孙翼中、蒋方震、马君武等编撰。以"输入文明""发其雄心""养其气魄"，增进知识，"汹涌革命潮"等为办刊主旨。设有图画、社说、论说、学说、历史、地理、科学、谈丛、文苑、时评、专件、调查会稿、浙江文献录等栏目。光绪三十年停刊。
40	科学世界	光绪二十九年三月初一日 上海	月刊。上海科学仪器馆创办，化学家王本祥、虞和钦等编撰。其办刊宗旨是传播科学知识，增进"吾民之知识技能"。主要栏目有论说、原理、实习、拔萃、传记、教科、学事汇报等，其内容多为自然科学知识，融知识性和趣味性于一体。翌年停刊，总计出版十七期。
41	童子世界	光绪二十九年三月初九日 上海	日刊。爱国学社主办，何梅士、吴忆琴等主编，钱瑞香、陈君衍、翁筱印等撰稿。以开通民智，输导文明，"养成童子之自爱爱国之精神"为宗旨。设有论说、时局、史地、理化、博物、小说、诗歌、译丛、专件等栏目。后改为双日刊、旬刊。同年五月二十一日停刊。
42	广益丛报	光绪二十九年三月十九日 重庆	旬刊。文摘报。正蒙公塾创办，杨庶堪、朱蕴章、胡湘帆、周文钦等编撰。以树新风，振民气为办刊宗旨。设上编、下编、外编和附编四部，其中上编述政事，内含内政、外交等事；下编述学说，内含普编（学派、教育、历史）、专门（格致、来录、丛书）等类。附编包含专件、杂录、来稿等内容。宣统三年十二月初十日停刊。
43	湖南学报	光绪二十九年四月初一日 长沙	旬刊。湖南师范馆主办，湖南省城学报处发行，皮锡瑞、单启鹏、许兆奎、颜可铸等撰稿。以汇录师范馆讲义为主，分统编、章程、经学、伦理、理化、数学、教育、地理、东文学、附录等。
44	经世文潮	光绪二十九年闰五月初一日 上海	半月刊。上海编译馆辑录，赵祖德发行。设教育、宗教、人种、哲学、史学、政治、社会、国际、殖民、法律、国计、兵、农、商、工艺、文学、地学、理化、医学、美术等二十部，内容皆采自当时各种报刊，基本涵盖所有近代学科。翌年正月三十日停刊。

续表

序号	期刊名称	创刊时间与地点	简况
45	中国白话报	光绪二十九年十一月初一日 上海	半月刊。林白水创办,镜今书局发行,刘师培等撰稿。以增进下层民众及妇孺学问见识,"鼓吹爱国救亡"为办刊宗旨。设有论说、历史、地理、教育、传记、新闻、时事问答、科学、实业、谈苑等栏目。自第十三期改为旬刊。翌年八月二十九日停刊。
46	湖广月报	光绪二十九年十一月十四日 汉口	月刊。一说宣统二年(1910)创刊。英国伦敦传教会教士杨格非(Griffith John)总理,教士计约翰(John Archibald)助编,林辅华、丁韪良、王理堂等撰稿。汉口圣教书局刊行。主要登载格致、时事新闻、教会纪闻、文学等内容。
47	大同报	光绪三十年正月十四日 上海	周刊,后改为月刊。广学会主办,英国传教士高葆真(William Arthur Cornaby)、莫安仁(Evan Morgan)等主编和主笔,以"交换知识、输入文明"为宗旨。设图画、论著、宪政、学政、农政、路矿、天文、地舆、各国风俗物产图表、上谕等栏,以西报、西书选译著称。一九一五年后改为《大同月报》,一九一七年停刊。
48	东方杂志	光绪三十年正月二十五日 上海	月刊。商务印书馆主办。李圣五、徐珂、孟森、杜亚泉等先后主编。以"启导国民,联络东亚"为宗旨。初以分类摘选各报时事,文件为主,间刊自撰文稿。后陆续辟有社说、时评、选论、内务、外交、军事、教育、财政、实业、交通、商务、宗教、杂俎、丛谈等栏目,宣扬普及教育,发展新学,振兴实业。一九四八年停刊。
49	萃新报	光绪三十年五月十四日 金华	半月刊。文摘报。由金华革命党人张恭、刘焜、蔡汝霖、金兆銮等创立的龙华会主办、主编,办刊宗旨是"集英荟华",开通民智,增进"浙东上游一般士人德、智、力"水平。辟有论说、上谕、学说、哲理、政法、教育、军事、舆地、史传、计学、实业、科学、卫生、时论、专件、丛谈、文苑、纪事以及附录等栏。仅刊行六期,更名《东浙杂志》刊行;旋又更名《浙源汇报》。
50	日新学报	光绪三十年六月 东京	月刊。留日学生主办。以向国人传播新学知识,"促东洋之进步"为宗旨,设论说、教育、地理历史、理学、法制经济等栏,间刊照片及插图。

序号	期刊名称	创刊时间与地点	简况
51	海外丛学录	光绪三十年八月二十日 东京	月刊。云南官派留日学生由宗龙、刘昌明、陈治恭等创办，在东京编辑，昆明官书局印行。以资学识、开民智为宗旨。辟有论说、政治、外交、武备、实业、理财、教育、科学、卫生、史地、日俄战事记、东京闻见录、中外近事、杂俎、余录等十几个栏目，内容以译述为主，东西方之"佳书"、各学校之"讲义"、各国内政、外交、新闻等皆有所录。停刊时间不详。
52	青年爱	光绪三十年八月 九江	半月刊。白话报。江西教育会所属青年爱社主办。以传播新知，增广闻见为宗旨。罗惺予等主笔。辟有论说、理化、算学等有关科学技术栏目。
53	福建白话报	光绪三十年九月初一日 福州	半月刊。总发行所设上海。公孙、忍杞、宗敬等编撰。办刊宗旨是"专门开通福建妇女儿童及农工商兵等人的智识"。辟有论说、批评、学术、调查、地理、历史、军事、纪事、专件等十余个栏目，其中载有科技知识。停刊时间不详。
54	江西白话报	光绪三十年 九江	半月刊。军国民教育会会员、江西留日学生张世膺主编。设论说、国文、历史、地理、伦理、体操、教育、理化、算学、实业、小说、唱歌、和文、英文、新闻、时评等栏，旋而停刊。
55	教育杂志	光绪三十年十二月初一日 天津	半月刊。直隶学务处主办，后由直隶学务公所接办。其办刊趣旨是传播教育政策法规，介绍教育动态，探讨学术问题，推进教育发展。辟有论说、学术、讲义、学制、教授管理等栏目。光绪三十二年四月初一日，易名为《直隶教育杂志》。
56	北洋学报	光绪三十年 天津	周刊，后改为五日刊。北洋官报总局编印的政府官报，附属于《北洋官报》。设甲、乙、丙三编，甲编专论学术问题，乙编专论政艺问题，丙编专录科学问题。其内容总体上以传播新知为主导，学术性较强。同年八月与《法政杂志》合并，易名《北洋法政学报》。
57	直隶白话报	光绪三十一年正月初一日 保定	半月刊。综合性的普及读物。两江会馆所属两江师范学堂主办。吴樾主编，撰稿者多为皖籍人士。办刊主旨是"开通民智，提倡学术"。辟有社说、学术、格致、历史、地理、实业、教育、卫生、军事、调查、传记、小说、丛谈、译丛等二十余栏，内含不少科技知识。同年八月停刊。

序号	期刊名称	创刊时间与地点	简况
58	蒙学报	光绪三十一年正月 吴县	半月刊。儿童读物。陆基主编。署理吴县知县汪氏校印。辟有国文、算术、理科、地理、历史、乐歌、体操、图画、童谣等国栏目，内容浅显，基本涵盖小学课程所及内容。
59	四川学报	光绪三十一年二月初一日 成都	半月刊。四川学务处创办，本省提学使方和斋经理，四川学务公所编辑刊行，龚道耕、窦兆熊、昊天成、邹宪章供稿。其办刊主旨是启发民智，推进实业，促民励学自强。主要刊载章奏、论说、讲义、译文等类内容，其中载有科技知识。光绪三十三年九月，更名《四川教育官报》。
60	湖北官报	光绪三十一年三月初一日 武昌	初为旬刊，后改月刊。湖广总督张之洞饬办，江汉关道梁嵩生总办，进士任树滋总纂述。办刊宗旨是："崇正黜邪""益智愈愚""征实辩诬"，以"正人心、增学识"。辟有论述、科学、实业、政务、要闻、国粹、纠谬、杂纂等十五栏，内含科学新知。宣统三年停刊。
61	重庆商会公报	光绪三十一年七月十五日 重庆	旬刊，后改周刊。重庆总商会主办。设阁抄、公牍、厘税、论说、商情、物价、采报、案件、录要、拾遗等栏，后陆续增设、改设实业、科学、要件、调查、纪实、商政界、商学界、商史、算学、来稿、白话、文苑、小说、杂姐等栏。宣统元年十一月十四日停刊。
62	醒狮	光绪三十一年九月初一日 东京	月刊。留日学生主办。高天梅主编，主撰有柳亚子、马君武、陈去病等。办刊宗旨是，传播学术、研究时政，以达诛暴君、除盗臣之目的。辟有论说、学术、医学、教育、军事、政法、文艺、时评等栏目。翌年五月停刊。
63	北直农话报	光绪三十一年十一月初一日 保定	半月刊。简称《农话报》。直隶高等农业学堂主办，梁恩钰、张家隽等主编。以改良旧法、增长农家见识、振兴中国农业为办刊宗旨。辟有社说、农艺化学、农产制造、气象、肥料、土壤、蚕学、畜产、森林、园艺、植物病理、算学、博物、格致、调查、纪事等二十个栏目，"凡与农业无关者，概不登录。"其中载有不少数学、物理学、化学、生物学方面与农业有关的新学理、新方法、新技术。光绪三十四年改名《直隶农务官报》。

序号	期刊名称	创刊时间与地点	简况
64	光报	光绪三十一年 旧金山	月刊。基督教会刊物。中英文合刊。陈繡石、武盘照任正副经理，黄梓材、武盘照主笔。其办刊主旨在于发扬"圣道之光华"，互通"通教会之消息"。内容为环球圣经课选解略，兼及论说、格致、卫生、妇孺训教会、时事新闻、图画等。
65	通学报	光绪三十二年正月初八日 上海	旬刊。广学会主办，任廷旭主编，范祎、吕成章等编辑。以通中外，通古今，兼日报、白话报、专门学报之长为办刊趣旨。辟有算学、电学、植物、动物、医学、卫生、天文、地理、理化、历史、德育、汉文、英文等十几个栏目，对自然科学知识多有介绍。宣统元年正月十一日易名《通学月报》，并改为月刊出版。
66	直隶教育杂志	光绪三十二年四月初一日 天津	半月刊。由《教育杂志》更名而来。直隶学务公所创办。陆费逵、朱元善、李石岑、何炳松、李季等先后主编。辟有言论、学术、实验、教授资料、教育人物、教授管理、教育法令、名家著述、质疑问答、杂录别录等栏目，重在译介日本与西方教育思想、教育制度，也刊有自然科学知识。宣统元年二月初一日更名为《直隶教育官报》。
67	关中学报	光绪三十二年六月初一日 三原	半月刊。关中书院主办。以运转文明，有资于办学、教学工作为创刊宗旨。主要辟有论说、哲学、历史、地理、理科、教育、实业、政治、要闻等栏目，所载知识与教学管理、教学内容密切相关。其主要编辑兼撰（译）稿有胡均、张秉枢、王世德等。停刊时间不详，现存13期。
68	学桴	光绪三十二年六月 苏州	月刊。东吴大学堂文理学院所属东吴学报社编辑，东吴大学堂学生会出版科出版。辟有论说、时事、学科、译丛、丛录、杂志、图画等栏目。其中"学科"栏述及天文、地理、数学、物理、化学、生物、心理等多个自然学科方面的知识。自第二期更名《东吴月报》，后又复名《学桴》，民国二年又更名《东吴》。嗣后又多次更名。其间由月刊改为双月刊、季刊。
69	南洋兵事杂志	光绪三十二年八月初一日 江宁	月刊。简称《兵事杂志》。两江督练公所创办，徐绍桢、陶骏保、万德尊、齐国璜等新学之士撰译。其办刊主旨是，传播军事有关新知，启发军人灵性，培育尚武精神。主要辟有学术、通论、战史、战术、军事小说、调查录、卫生、精神教育等栏目，其中载有自然科学知识。

续表

序号	期刊名称	创刊时间与地点	简况
70	新译界	光绪三十二年十月初一日 东京	月刊。中国留日学生主办,范熙壬总理,谷钟秀、刘赓澡、席聘臣、范熙壬等编辑,汤化龙、景定成、周锤岳等译述。以研究实学、推广公益为宗旨。辟有文学、理学、政法、教育、外交、军事、时事等栏目,内容译自东西书刊,注重思想性。停刊时间不详,现存七期。
71	教育	光绪三十二年十月十五日 东京	月刊。留日学生社团爱智会创办。蓝公武、张东荪、冯世德等撰稿。以"涅毁为心,道德为用,学问为器,利他为宗"为办刊宗旨。辟有社说、学说、科学、思潮、批评、文苑等栏目,内容侧重于教育学、伦理学,也涉及理化、动植物学等自然科学知识。出两期即停刊。
72	理学杂志	光绪三十二年十一月十五日 上海	月刊。小说林宏文馆有限合资会社创办。丁初我发行,薛蛰龙主编。以科学之普及、国之富强等为创刊宗旨。辟有论说、理论、学术、历史、工艺、教材、实习、丛录等多个栏目,其中介绍一些理化理论及应用技术。停刊时间不详,现存6期。
73	学报	光绪三十三年正月初一日 东京	月刊。留日学生何天柱、梁德猷等编辑,上海学报社发行。辟有数学、理化、博物、生理、卫生、历史、地理、外语、伦理、美术、时事等栏目,侧重于自然科学。翌年六月停刊。
74	科学讲义	光绪三十三年正月初一日 上海	月刊。斯学主持,留日学者编辑,以研究传播吸取"世界最新科学"为办刊宗旨。辟有算术、代数、几何、三角、物理、化学、生理、植物、动物、地理、历史、伦理、法制以及外文等栏目,内容基本涵盖近代自然科学各学科。
75	振华五日大事记	光绪三十三年三月 广州	五日刊。莫梓轺主办、亚槐、愚公等编撰。以启发民智、推进实业、发展公益、改良社会等为办刊宗旨。主要辟有论说、学理、浅说、群言、本省大事、中国大事、世界大事等栏目,载有科学新知内容。同年十二月底停刊,旋而改出《半星期报》。
76	江西农报	光绪三十三年四月初一日 南昌	半月刊。江西农务总会主办,乡绅龙钟泲主编。以研究农业理论技术,阐发古代农学义理,师法欧美农学专长,促进全省农业发展为办刊宗旨。辟有农事新闻、学术、论说、编译、试验报告、调查报告、问答等栏目,其内容涉及不少关于农业方面的理化、数学、生物学知识。后改月刊,停刊时间不详。

序号	期刊名称	创刊时间与地点	简况
77	农工商报	光绪三十三年六月十一日 广州	旬刊。江宝珩、江献承主办，广东农工商总局资助出版。以研究发展实业为办刊宗旨。主要刊载农工商发展动态及其理论和应用技术，也载有广告、新闻。翌年十一月停刊，后又改出《广东农业报》，宣统三年十月改制，另出《光汉日报》，旋而停刊。
78	科学一斑	光绪三十三年六月 上海	月刊。留日学生社团上海科学研究会主办，宏文馆出版发行，以探讨学术和介绍新知为主旨。曹祖参、沈丹成等主编，撰稿者多为留日学生。辟有国文、教育、算学、历史、地理、理化、音乐、体操、法政等栏目。内容大部译自日文书报，具有明显的启蒙性。旋而停刊。
79	四川教育官报	光绪三十三年九月 成都	月刊。由《四川学报》更名而来。仍有四川学务公所编辑、发行，办刊宗旨、栏目设置大略同前，其中学术类内容多采自日本教材，载有科技新知。后改周刊发行。
80	振群丛报	光绪三十三年十月二十九日 上海	月刊。振群学社创办、刊行，李葭荣、王之瑞主编。其办刊主旨是开通民智，培育国民立宪思想。辟有论说、算学、地学、工艺、理化、历史、政法、文苑等栏目，其中多有科技类知识。
81	理工	光绪三十三年十一月十五日 上海	月刊。亦名《理工报》。留欧理工科学生在清驻德公使与江、鄂总督资助下创办，宾步程主编。上海商务印书馆印刷发行。以输入理工科学术知识为办刊宗旨，所载内容多为欧洲理工大学所授知识，有一定的深度。
82	新朔望报	光绪三十四年正月初一日 上海	半月刊。张无为、立群等编撰。以改良社会、增进学识、代表舆论为宗旨。辟有社说、科学、政治、文苑、商业、智丛等栏目，对科技知识有所介绍。旋而停刊，改出《国华报》。
83	学海	光绪三十四年正月二十八日 东京	月刊。北京大学留日学生编译社①创办、编辑，上海商务印书馆发行。以详究学理，输入新知，增进国民知识，有资政界活动为办刊宗旨，提倡学以致用。分甲乙两编，甲编以文法商政方面内容为主，乙编以理工农医方面内容为主。其所介绍的自然科学知识有较强的学术性。甲、乙两编计出九期，即停刊。

① 按：北京大学留日学生编译社系由京师大学堂首批派遣的留日学生陈发檀、黄德章、朱深、冯祖荀、王舜臣、王桐龄等27人于1908年发起成立。编译社分为八科，各科设主任两名，负责《学海》的编撰发行。

续表

序号	期刊名称	创刊时间与地点	简况
84	汇报科学杂志	光绪三十四年正月十五日　上海	半月刊。承接《汇报》。比利时传教士赫师慎（Van Hee）主编。辟有算学、天文、地理、哲学、科学问答等栏。第十三期以《科学杂志》之名出版；第十四期起又恢复本名。后因赫师慎返国停刊。
85	教育杂志	宣统元年正月二十五日　上海	月刊。上海商务印书馆创刊，教育家、出版家陆费逵、朱元善、李石岑等相继主编。以研究教育、改良学务为办刊宗旨。主要辟有社说、评论、学术、实验、调查、文牍、教育人物、教育法令、教授资料、名家著述以及杂纂、文艺等栏目，所涉内容广泛，具有科技传播功能。一九四八年停刊。
85	数理化学会杂志	宣统元年六月　东京	双月刊。数理化学会主办。秦沆、陈有丰等编辑。以"图数理化学之进步与普及"为办刊宗旨，辟有数学、物理、化学、杂录、附录等五个栏目，有较强的专业性。
87	龙门杂志	宣统二年二月三十日　上海	月刊。上海龙门师范学堂主办。以探讨学务、研究教育为办刊宗旨。设主张、论说、记事、学界大事记、参观心得、课本批评、试教研究、科学、调查报告、教育谭、评论、小说、文苑、杂纂等栏目，含科学知识。
88	师范讲义	宣统二年五月二十日　上海	月刊。上海师范讲习所主办，报人汪诒年主编。以汇集编纂教学资料，辅导培养新学师资为办刊宗旨。连载数学讲义、动物学讲义、论理学讲义、生理学讲义、矿物学讲义、中国历史讲义、中国地理讲义、国文典讲义、教授法讲义、物理学讲义、东西洋史讲义、化学讲义、体操讲义、外国地理讲义、中国地理讲义、管理法讲义、教育史讲义、修身讲义、博物学讲义、植物学讲义、理化学初步讲义以及质疑答问。戴克敦、严保诚、徐傅霖、钟观光、杜亚泉、沈颐、寿孝天等著名学者供稿。
89	江宁实业杂志	宣统二年七月二十日　江宁	月刊。江宁劝业公所主办，曹赤霞、江酒臣等编撰。设图画、诏令、奏议、文牍、规章、调查、纪事、时评、论说、白话、西文译著、东文译著、文苑、附刊、小说等栏。
90	协和报	宣统二年九月初四日　上海	周刊。《德文新报》社主办。德国人芬克（Carl Fink）主持，德国传教士费希礼、白虹先后任主编。以敦促中德友谊、宣传西方的科技文化为宗旨。辟有论说、学术、商务、农务、政治、军事、新闻、丛谈等栏目，载有科技知识。一九一七年停刊。

上列 90 种期刊系从晚清国内外刊行的 2200 余种中文期刊中摸查统计而来，虽然未必全面精确，但可以反映其大概情形。如是而论，晚清载有物理学知识的期刊在整个期刊中所占比例约或达百分之四。这些期刊大体可以分为两类：

一类属文理综合性期刊，如《六合丛谈》《万国公报》《中西闻见录》《新世界学报》《东方杂志》《北洋学报》《科学一斑》等，其所载内容虽以新闻、宗教、文史和商业信息等为主，但也不同程度载有声、光、化、电、算之类的科技知识。这些知识虽说只是"一鳞一爪，破碎不完"①，但毕竟具有科普之功，给中国社会注入"新的文明"。特别是在专业性科技期刊尚未诞生时，这些"夹带"着科技知识的综合性期刊更是充当了科技传播的先锋，其作用不容小觑，视之为"科技期刊"亦未为不可。

另一类是以刊载科技知识为主的专业性期刊，如《格致汇编》《科学世界》《亚泉杂志》《学报》《数理化学会杂志》《理工》《学海》等。这些期刊具备较高的专业学术水准，标志着晚清科技传播水平的提高。

综观上述期刊的刊行概况，大略有如下特点：

其一，从创刊者看，上列期刊中由外籍人士创办者 22 种，由本国人士创办者 68 种。外籍人士以传教士为主体，其代表人物有伟烈亚力、慕维廉、艾约瑟、韦廉臣、湛约翰、林乐知、丁韪良、包尔腾、李提摩太、傅兰雅、范约翰、李

---

① 戈公振：《中国报学史》，上海古籍出版社 2003 年版，第 136 页。

佳白、湛罗弼、山雅各、吴板桥、杨格非、高葆真等；本国
人士以留学生和报人、学者为主体，其代表人物有高天梅、
范熙壬、蓝公武、曹祖参、陈丹成、蓝公武、张东荪、宾步
成、由宗龙、张世膺、任廷旭、李林、梁启超、邓实、赵祖
德、孙翼中、蒋方震、马君武、杜亚泉等。如此表所示，
1857—1899 年，总计创刊 24 种，其中由外籍人士创办者多达
14 种，约占 58.3％；1900—1911 年，总计创刊 66 种，其中
由外籍人士创办者仅 8 种，约占 12.1％。这组数据表明，外
籍人士在 19 世纪中国科技传播中占有举足轻重的地位，但进
入 20 世纪后其影响力则急剧下降，中国知识分子一跃成为科
技传播的主力。

　　其二，从地域分布看，这些期刊分别创刊于国内外 24 个
城镇，其中国内城镇 21 个，国外城镇 3 个，具体情况见表
1－1－2。就国内而言，创办地点多为通商口岸，其中创刊于
上海者多达 40 种，约占所列科技期刊总数的 44.4％；其次为
广州，刊行 6 种，约占其总数的 6.7％。就国外而言，10 种
期刊创办于东京，约占上列科技期刊总数的 11.1％。上海为
"中国各处通商埠头之冠"，经济发达，"人才之荟萃于此者极
多"①，"大实业家、大教育家、大战术家、大科学家、大经
济家、大文豪家、大美术家，门分类别，接踵比肩也"②；东

---

① 《综论本年上海市面情形》，载《申报》1887 年 1 月 21 日。
② 苏峰：《人口多而团体少》，载《民立报》1910 年 12 月 10 日。

京为东亚著名都市和清末中国留学生集聚之区①。二者成为科技期刊集中创办之地，自在情理之中。

表 1 - 1 - 2　晚清科技期刊地域分布表

创刊地点	数量	创刊地点	数量
广州	6	九江	2
上海	40	保定	2
福州	1	重庆	2
北京	3	金华	1
汉口	2	吴县	1
澳门	1	三原	1
长沙	2	江宁	2
杭州	1	南昌	1
成都	2	厦门	1
苏州	1	东京	10
天津	4	横滨	1
武昌	2	旧金山	1
合计		90	

其三，从期刊类别看，大多数期刊为综合性刊物，只有少数期刊为自然科学或偏重于自然科学的刊物，参见表 1 - 1 - 3。值得注意的是，这些刊物虽然载有物理学知识，但皆非专门的物理学学刊。从收载情况看，表 1 - 1 - 4 所列刊物比较多的载有物理学知识，其中《通学报》《学报》《师范讲义》《数理化学会杂志》《学海》（乙编）等辟有物理学知识专栏，

---

① 据估算，1901 年后中国留日学生人数逐年增加，到 1905 年达到 8000 多人，为"任何留学国所未有者"。（实藤惠秀：《中国人留学日本史》，北京大学出版社 2012 年版，第 30 - 31 页。）

其它刊物则是零散地载有一些物理学知识。从文献属性看，多为基础知识，其内容多采自西书、西刊。如《格致汇编》"乃检泰西书籍并近事新闻有与格致之学相关者，以暮夜之功，不辞劳苦，择要摘译"，汇集而成。① 《知新报》"采译英、葡、德、法、美、日各报，附印译书数种"，《时务报》"采译英法俄日各报"。② 《格致新报》中"格致新义"一栏内容，主要采自英、法、美等国"学问报"。《海外丛学录》系"采东西洋之佳书，录各学校之讲义"而成；《岭学报》每期设"东西文译篇"，多采自西方报刊；《萃新报》则"采辑海内外新报之学说丛谈"而成。

表 1-1-3　自然科学和偏重于自然科学期刊一览表

序号	刊名	序号	刊名
1	格致汇编	11	科学一斑
2	格致新报	12	新学报
3	亚泉杂志	13	理学杂志
4	科学世界	14	学海
5	科学讲义	15	师范讲义
6	理工	16	数理化学会杂志
7	格致益闻汇报	17	理学杂志
8	普通学报	18	益闻录
9	新世界学报	19	北洋学报
10	学报	20	北直农话报

---

① 徐寿：《格致汇编序》，载《格致汇编》1876 年第 1 卷春。
② 徐维则：《增版东西学书录》卷四《报章第二十九》。

表 1 - 1 - 4　刊载物理学知识的重要期刊

刊名	专栏名	刊名	专栏名
通学报	磁学科、理化科	中西闻见录	无
学报	物理	格致汇编	无
师范讲义	物理学讲义、理化学初步讲义	格致新报	无
数理化学会杂志	物理部	亚泉杂志	无
学海（乙编）	理学界	科学一班	无
新学报	博物	湘学报	无
四川学报	讲义	童子世界	无
新世界学报	无	理学杂志	无

其四，如前所述，晚清期刊中其题名内含有"物理"一词的文献总计 101 篇。另据《晚清期刊全文数据库》统计，其题名内含有"数学"或"算学"二词的文献总计 555 篇，含有"化学"一词的文章总计达 527 篇。如是而论，晚清期刊所载物理学文献似乎远低于数学和化学。从部分期刊的收载情况看，也的确如此。如《通学报》"无师自通"栏目中《算学科》收文 196 篇，而属于物理学范畴的《磁学科》收文只有 6 篇。《学报》总计收文 317 篇，其中数学 24 篇，物理 16 篇，化学及理化 16 篇；《数理化学会杂志》总计载文 104 篇，其中数学部 34 篇，物理部 14 篇，化学部 15 篇。《亚泉杂志》计载 75 篇，其中数学 18，物理 8 篇，化学 36 篇。然而若按物理学所属力学、热学、声学、光学、电磁学等分支学科统计，其有关文献刊载量很大①，尤其是关于物理学应

────────────

① 关于晚清期刊所载物理学各分支学科文献数量，笔者将另文予以阐述。

用类文献数量颇多。

以今人视之，上列期刊多非严格意义上的科技期刊，但将其置于晚清社会背景下来看，因其带有不同程度的科技色彩，在科技传播中占有重要地位，亦未尝不可将其视为广义上的"科技期刊"。就其所载光学知识而言，正如后文所述，总体上还比较浅显，普及性强，学术性弱，但对"民智未开"的晚清社会来说，其价值或许不在"深"，而在"新"。这些新知识让国人领略到"西洋艺术"的神奇，看到超越"四书五经"之外的文化，引领其开眼看世界，逐渐走向师法西方之路。

二、晚清期刊所载光学篇目

光学是一门古老的学问，其发展大体经历了从萌芽到几何光学、物理光学、量子光学和现代光学等历史阶段。我国古代虽在光的直线传播、光的反射、大气光学和成像理论等方面积累了一些知识，但未建立理论化的光学知识体系，直到晚清才从西方引入近代光学学科。

光学研究在西方可以追溯到古希腊哲学家毕达哥拉斯、德谟克利特、柏拉图、亚里士多德等人的光特性理论，在中国可以溯源于春秋战国之际《墨经》所述光现象问题。据有关研究，《墨经》有八条关于光学的记载，其中述及影的定义和生成，光的直线传播性和针孔成像，在平面镜、凹球面镜和凸球面镜中物和像的关系。《理学杂志》所载《中国物理学家墨子传》即依据"西学之理"比较系统地分析了墨子的光学研究成就。①

就笔者所见，晚清曾刊行傅兰雅著《光学须知》、傅兰雅辑译《光学图说》、赫士译《光学揭要》、丁韪良译《光学入门》、丁韪良著《光学测算》、田大里辑《光学》等专门的光学著作，但并无专门的光学期刊，光学知识主要散见于《益闻录》《中西闻见录》《格致汇编》《知新报》《集成报》《东方杂志》《万国公报》《政艺通报》等综合性期刊中。

笔者以"光学""论光"为关键词，对《晚清期刊全文数据库》进行检索，其题名中含有"光学"或"论光"者有72篇，见表1-2-1。

表1-2-1　"光学"篇目题名表

序号	题名	来源	著译者
1	算学奇题：光学十题	《格致汇编》1892年第七卷秋	赫先生
2	光学新奇	《万国公报》1896年第86期	林乐知
3	格致：光学植物	《知新报》1897第9期	
4	光学植物	《利济学堂报》1897年第9期	
5	论说汇：问光学	《广智报》1898年第23期	
6	格致：卢贱光学	《知新报》1899年第80期	
7	格致：光学小戏	《知新报》1899年第104期	
8	格致：光学用广	《知新报》1899年第107期	
9	商务：光学织物	《集成报》1901年第2期	
10	译报：光学新法	《集成报》1901年第21期	
11	光学新法	《选报》1901年第2期	
12	商原：光学植物	《江南商务报》1901年第35期	

① 觉晨：《中国物理学家墨子传》，载《理学杂志》1907年第4、6期。

续表

序号	题名	来源	著译者
13	右光学	《湘报文编》1902 年卷中	
14	格物门：讲求光学	《南洋七日报》1902 年第 19 期	
15	考光学植物	《政艺通报》1902 年第 10 期	
16	光学新奇	《政艺通报》1903 年第 6 期	
17	光学新奇	《鹭江报》1903 年第 34 期	
18	丛谭：光学新奇	《商务报》（北京）1904 年第 6 期	
19	博物：光学有益于种植	《真光月报》1905 年第 4 卷第 8 期	
20	丛谈：光学有益于种植	《东方杂志》1905 年第 12 期	
21	智囊：光学厚生	《华美教保》1905 年第 20 期	林乐知
22	智能丛话：光学有益于种植	《万国公报》1905 年第 200 期	林乐知
23	智囊：光学	《通学报》1906 年第 12 期	
24	光学厚生	《政艺通报》1906 年第 6 期	
25	智囊：光学进步	《华美教保》1906 年第 23 期	林乐知
26	艺事通纪：光学有益于种植	《政艺通报》1906 年第 23 期	
27	丛录：光学进步	《通问报》1906 年第 212 期	
28	博物：光学有益于种植	《真光月报》1906 年第 2 期	
29	杂志：光学新理	《新世界小说社报》1906 年第 4 期	
30	智学丛录：光学利于种植	《通学报》1906 年第 5 期	
31	光学厚生之实验	《北洋学报》1906 年第 39 期	
32	杂俎：光学游戏	《东方杂志》1908 年第 7 期	甘永龙
33	智丛：光学利于种植	《新朔望报》1908 年第 6 期	济才
34	工学界：照像光学之大要	《学海》（乙）1908 年第 2 期	

序号	题名	来源	著译者
35	理科：照像光学之大要	《广益丛报》1908 年第 187 期	
36	论医道与声学光学之关系	《绍兴医药学报》1909 年第 11 期	陈樾乔
37	演劝华商业瓷者研究热学、重学翻翻形式，研究化学、光学换换颜色白话	《华商联合会报》1910 年第 3 - 4 期	南洋酒臣
38	光学	《理工》1907 第 1 期	胡仁源
39	光学（续）	《理工》1908 第 4 期	胡仁源
40	论光远近乘方转比	《中西闻见录》1874 年第 18 期	贵荣
41	论光之速	《中西闻见录》1875 年第 36 期	丁韪良
42	常物浅说：论光	《小孩月报》1881 年第 6 卷第 10 期	摩嘉立
43	论光（第三十九节）	《益闻录》1886 年第 586 期	
44	论光（第四十节）	《益闻录》1886 年第 588 期	
45	论光（第四十一节）	《益闻录》1886 年第 591 期	
46	论光（第四十二节）	《益闻录》1886 年第 593 期	
47	论光（第四十三节）	《益闻录》1886 年第 595 期	
48	论光（第四十四节）	《益闻录》1886 年第 597 期	
49	论光（第四十五节）	《益闻录》1886 年第 599 期	
50	论光（第四十六节）	《益闻录》1886 年第 601 期	
51	论光（第四十七节）	《益闻录》1886 年第 603 期	
52	论光（第四十八节）	《益闻录》1886 年第 605 期	
53	论光（第四十九节）	《益闻录》1886 年第 608 期	
54	论光（第五十节）	《益闻录》1886 年第 610 期	
55	论光（第五十一节）	《益闻录》1886 年第 612 期	
56	论光（第五十二节）	《益闻录》1886 年第 614 期	
57	论光（第五十三节）	《益闻录》1886 年第 618 期	
58	论光（第五十四节）	《益闻录》1886 年第 620 期	

序号	题名	来源	著译者
59	论光（第五十五节）	《益闻录》1886 年第 622 期	
60	论光（第五十六节）	《益闻录》1886 年第 624 期	
61	论光（第五十七节）	《益闻录》1887 年第 626 期	
62	论光（第五十八节）	《益闻录》1887 年第 628 期	
63	论光（第五十九节）	《益闻录》1887 年第 632 期	
64	论光（第六十节）	《益闻录》1887 年第 634 期	
65	论光（第六十一节）	《益闻录》1887 年第 636 期	
66	论光（第六十二节）	《益闻录》1887 年第 638 期	
67	论光（第六十三节）	《益闻录》1887 年第 639 期	
68	格物浅说：论光分七色	《画图新报》1892 年第 13 卷第 1 期	
69	外稿：论光与声与色之理	《万国公报》1905 年第 197 期	
70	理化学：通学报理化学：论光	《通学报》1908 年第 5 卷第 11 期	
71	丛录：论光与声与色之理（未完）	《通问报》1908 年第 331 期	
72	丛录：论光与声与色之理（承前）	《通问报》1908 年第 332 期	

以上光学篇目载于 30 种期刊中，其内容比较浅显，多系介绍光学应用知识，其中《益闻录》连载的《论光》堪称晚清期刊文献中最具理论性、系统性的光学著述，基本论及光线的传播和物体的成像的基本原理及规律。此外，《中西闻见录》所载"壬申年同文馆岁考题"内含有光学知识问答①，《格致汇编》所载《格致略论》有"论光"知识问答，《格致

_____

① 《壬申年同文馆岁考题》，载《中西闻见录》1873 年第 7 期。

新报》所载《格物初桄》有"论光学"问答,《师范讲义》所载《理化学初步讲义》有专门章节阐述了"光及影""镜""三棱镜""透镜""照相镜及影戏灯""显微镜及远镜""色虹"等光学问题。晚清期刊所载光学文献虽然不止于此,但其内容大略涵盖几何光学和物理光学基础知识以及光学应用问题。后文将主要利用这些文献来分析晚清光学知识的传播程度。

第二章　几何光学基础知识

　　几何光学是以光线为基础，研究光的传播和成像规律的一个光学分支学科。光线的传播主要遵循光的直线传播定律、光的独立传播定律、光的反射和折射定律，而物体的成像则是通过由透镜、反射镜、棱镜等多种光学元件按一定次序组合成的光学系统来完成的。

一、光的传播规律

　　几何光学以光的传播为最基本的研究对象，而光的传播在理论上首先涉及光源、光线以及光的传播规律等问题。

　　1. 光源、光线和光束

　　光的传播始于光源，并以光线、光束为路径行进。光源、光线和光束为几何光学的基本概念，晚清期刊文献皆予以明确的界定。

　　光是由能够发光的物体发出的，能够发光的物体即为光源。《理学杂志》有文曰："凡太阳、灯火等能自发光者曰光源。"[1]

---

① 肖生：《写真术》（续），载《理学杂志》1906 年第 2 期。

《师范讲义》曰："能自发光以射他物者，名曰发光体"。①

光源大体可以分为两类：一是自然光源，如太阳、恒星、萤火虫；二是人造光源，如蜡烛、电灯。《益闻录》有文将光源分为六种，即太阳、星宿、热气、电气、磷质、物化。②《小孩月报》有文将光源分为如下几类："一曰日光，二曰火光，三曰电光。此外更有虫几种，亦能发光，如萤之类是也。海中又有无数细微之虫，因海浪荡漾，亦能发光。凡航海者常见有此，其名曰冷光。更有异者，木叶霉腐，或鱼馁肉败，有时发光，人亦名之曰冷光。"③《绍兴医药学报》有文指出："光学家发明光体，其原有四：一、太阳恒星，二、热极生光之物，三、电光，四、北方晓也（北极光——作者）。"④《学海》也有文论及主要发光体："凡物体不假外力，自放光芒者，曰发光体，如蜡烛、电灯及恒星、太阳等，皆属此类。而其中最大者，莫如太阳。"⑤ 如是论述，基本涵盖自然光源和人造光源所属各类发光体。

---

① 钟观光、陈学郢：《理化学初步讲义》，载《师范讲义》1910 年第 2 期。
② 《论光》（第三十九节），载《益闻录》1886 年第 586 期。
③ 摩嘉立：《论光》，载《小孩月报》1881 年第 10 期。
④ 陈樾乔：《论医道与声学、光学之关系》，载《绍兴医药学报》1909 年第 11 期。
⑤ 朱炳文：《照像光学之大要》，载《学海》（乙编）1908 年第 1 卷第 2 期。

光线是表示光的传播方向的直线，"凡光之进射，必为直线"①，"光进行之路曰光线"。光束是指具有一定关系的光线的集合，或者说是和同一波面对应的法线束，其中包括同心光束、平行光束和象散光束，而同心光束又有发散光束和会聚光束两种形式。晚清期刊主要论及光束的会聚、发散和平行。会聚就是距离越来越小最后相交的光线，发散就是不相交的，相距越来越大的光线，平行就是距离始终不变的光线。《益闻录》有文论光的平行、会聚和发散曰："光芒驰射，分三景：一曰并射，即二色并行，不稍连合，惟光之速来者有是。二曰散射，即射愈远而光芒相去愈远，如火烛之光是。三曰汇射，即光芒若干，同向一处驰射者。"② 此所谓并行、散射、汇射即光的平行、发散和会聚。

2. 光的传播规律

一般来说，光是一种人类眼睛所能观察到的辐射现象。与声的传播不同，光的传播不需要任何介质，但光传播中经过的介质会对光的传播产生影响。因所经介质不同，光的传播主要有直射、反射和折射三种形式。《小孩月报》有文指出光的传播具有九大"要理"：

"光之要理，可申言之。一、太阳之光与热，并发并行。二、光乃直射，能发四方，如日光、火光可证。三、日之光芒四射，有似千丝万缕，名曰无数光线。四、光线四射，愈远愈淡。五、光行极速，无可比拟。六、光若透玻璃，或清

---

① 《论光》，载《通学报》1908 年第 83 期。
② 《论光》（第三十九节），载《益闻录》1886 年第 586 期。

水，即曲折斜射而入。七、光能反照，否则人目不能瞻望多物。八、光能被他物吸去。九、日之光线，由日直行四射，若用机器，可使光线撮合为一。"①

这里作者既道及光的直射、反射和折射形式，又指出太阳光热"并发并行""光行极速，无可比拟"和"光线四射，愈远愈淡"等光的基本特征。

光在同一均匀介质中以一定的速度沿直线传播为直射；光在传播途中遇到两种不同介质的分界面时，一部分光折回原介质，称反射，而另一部分光则穿过界面改变传播方向，称折射。《格致略论》曰："凡光行过透光之质，如质之疏密相等，则直行无曲折。设其质疏密不等，则光必偏行。……凡光遇更密之质而行过，或遇更疏之质而不能直行过者，谓之折光。"②《格致初桄》曰："用小镜置在日光中，其回光照至书房墙上，……镜子一动，回光亦动。光从镜上反照而来，即谓之回光。……凡光线照在镜面，其回光方向常与射光方向相对。"③ 又曰："光何以名折？如折断之谓也。……光线由此质过彼质，必因其质之浓淡疏密改变方向，谓之折光。"④《科学一斑》有文也解释了光的反射现象：光之运行，"遇平面不透光之体，则既不能折散，又不能透射，于是运用其反动力为反射之进行。是犹以物投壁而物即反射之理也。"⑤

---

① 摩嘉立：《论光》，载《小孩月报》1881 年第 10 期。
② 《格致略论》（一百十三），《格致汇编》1976 年第 1 卷秋。
③ 白耳脱保罗：《格致初桄：回折光》，载《格致新报》1898 年第 5 期。
④ 白耳脱保罗：《格致初桄：论折光》，载《格致新报》1898 年第 5 期。
⑤ 植夫：《释照画镜之理》，载《科学一斑》1907 年第 1 期。

　　光的直射、反射和折射传播遵循所谓直线传播定律、反射传播定律和折射传播定律。光的直线传播定律是指光在同种均匀介质中沿直线传播，针孔成像、不透明物体在点光源照射下影的产生等都是直线传播定律的例证。《通学报》有文述这一定律曰："凡光之进射，必为直线，试观日光从小孔射入室中，由其所射之点，必与太阳作一直线，从无屈曲。"[1]

　　光的反射定律是指反射光线、入射光线与法线在同一平面上，反射光线和入射光线分居法线的两侧，反射角等于入射角。《学报》有文概述这一定律曰："反射之定律，投射线、反射线、法线同在一平面，而投射角与反射角相等。"[2]　《通学报》也有文介绍了这一定律：

　　"凡人之所以能见物者，以物受日之光而反射者也。设于镜中窥物，物之投射与光之反射，必两两相等。投射者实体，反射者虚影。无论物体、人目之位置若何，其投射之光与反射之光所成之二角必相等。"[3]

　　《理化学初步讲义》也述及其内涵，略曰：

　　"斜射室中之日光，以平面镜遮之，则光在镜面，变其方向，以射于承尘或侧壁，是曰光之反射。此反射有一定之方向，非迎其方向而视之，不见光也。……光之反射，其反射角与投射角相等。普通照面之镜，皆由此种法则反射成像。"[4]

　　《数理化学会杂志》更以图例形式准确地阐述了光的反射

①　《论光》，载《通学报》1908 年第 83 册。
②　吴灼昭译述：《物理学计算法》，载《学报》1907 年第 2 期。
③　《论光》，载《通学报》1908 年第 83 册。
④　钟观光、陈学郢：《理化学初步证讲义》，载《师范讲议》1910 年第 2 期。

定律:

"凡光线投射于二媒体之境界面上,则光之一部变易其方向而反射于第一媒体内,是曰光之反射。由实验之结果而得下之二法则:(1)反射面 NMR 与投射面 SMN 在一平面上;(2)投射角 α 与反射角 β 互等。综合(1)、(2)而名之曰反射之定律。……此定律之证明或用 Theodolite(特别望远镜之名)实验以证明之,或用郝干元(Huygens)原理理论以证明之。"①

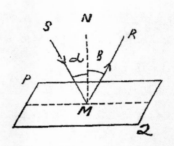

此所谓 Theodolite,即经纬仪;郝干元即惠更斯。惠更斯(Christiaan Huygens,1629—1695)为荷兰数学家、物理学家,他在光学研究中的重要贡献是提出"惠更斯原理",其基本内容是介质中任一处的波动状态是由各处的波动决定的。以此即可解释光传播中的反射、折射等现象。上文未述惠更斯原理的内容,但指出可用此原理来解释光的反射。

光的折射定律是指折射光线、入射光线和法线同在一平面,折射光线和入射光线分处法线两侧,入射角与折射角的

---

① 金一新:《光之反射与屈折》,载《数理化学会杂志》1910 年第 4 期。

正弦成正比[1]。就笔者所见，晚清期刊中，《中西闻见录》最早提及光折射定律有关内容，其文曰：

"若依光所透物之平面作一垂线，则可言其折光之方向。大凡光由稀质而入浓质，则折向垂线；由浓质而入稀质，则折离垂线。其光向正弦，如折向正弦，之比如图（2-1-1）。甲乙为水面，丙丁为垂线；戊壬为光向，壬己为其折向；庚壬亦为光向，壬辛为其折向。子丑为光向正弦，寅卯为折向正弦。故以卯正弦除子正弦，等于寅正弦除丑正弦，而气中光向正弦与水中折向正弦之比，如四与三之比，则其他可类推矣。"[2]

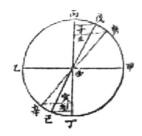

图 2-1-1

这里作者道及光的折射定律中如下内涵：（1）光从光疏介质斜射入光密介质时，折射角小于入射角；（2）光从光密介质斜射入光疏介质时，折射角大于入射角；（3）光的入射角的正弦与折射角的正弦成一定比例，这一比例即折射率。此所谓"光向"和"折向"分别指入射角和折射角。

---

① 入射角的正弦与折射角的正弦成正比，即折射率＝入射角的正弦除以折射角的正弦（$\sin\theta_1/\sin\theta_2 = n_{21}$）。

② 朱格仁：《同文馆壬申岁试英文格物第一名试卷：光透物而折改方向，其理若何?》，载《中西闻见录》1873 年第 7 期。

《论光》一文也述及光的折射定律，略曰：

"凡光芒自某透光物斜入他种透光物，其光必断，非直线"，如图2-1-2。"上为空气，下为水，皆透光物也。戊处火光，经空气至甲字处，断而入水，至丁字处不与甲戊在直线，性学家名戊甲为垂光，甲丁为断光。自断光处引乙丙一线，居水面之中，名为正中线。乙甲戊一角名垂光角，丙申丁一角名断光角。若垂光与正中线无分偏倚，则不成角，光亦不断。故断光必斜射而后有。按光芒断折，必依二例。一曰透光之物不易，即二角广狭不变。譬如日光透空气入水，垂光角几何广，断光角几何广。气与水不拘何在，广常乃尔。二曰垂光与断光上下正接，不偏左右。……光自一物入他物，其折断后，或浮或沉，殊非一辙。浮则断光角大于垂光角；沉则断光角小于垂光角。"①

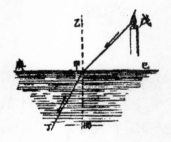

图2-1-2

这段文字揭示了如下法则：垂直界面入射，传播方向不变；只有斜射才会产生折射，折射中光的传播介质不变，入射角度和折射角度不变；入射线与折射线分处法线两侧；当

---

① 《论光》（第四十七节），载《益闻录》1886年第603期。

光在光疏介质与光密介质之间传播时，若光是从光疏介质斜射进入光密介质，折射角必然小于入射角，若光是从光密介质斜射进入光疏介质，折射角必然大于入射角。此所谓"垂光"即入射光线，"断光"即折射光线，"中正线"即法线，"垂光角"即入射角，"断光角"即折射角。

《学报》也有文概述这一定律曰：

"（一）投射线、屈折线、法线同在一平面上，而投射线与屈折线则在法线之两侧。（二）投射角之正弦（以 sin$i$ 表之）与屈折角之正弦（以 sin$r$ 表之）之比若于同二物质间，不论投射角之大小，而其比恒一定，而此一定之数名曰折射率。"如图 2-1-3，"AB 为投射光线，BE 为屈折光线，i 为投射角，r 为屈折角，AF 为投射角之正弦，EO 为屈折角正弦，而得此屈折率公式如下：$\dfrac{\sin i}{\sin r}=\mathrm{n}$。"[①]

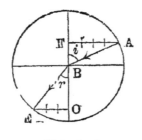

图 2-1-3

这段话既概述了折射定律的内容，又给出光的绝对折射率的公式：$\dfrac{\sin i}{\sin r}=\mathrm{n}$。绝对折射率是指光从真空射入介质发生

---

① 吴灼昭译述：《物理学计算法》，载《学报》1907 年第 2 期。

折射时，入射角与折射角的正弦之比。式中 n 表示介质的折射率，i 是光线在真空中与法线之间的夹角，r 是光线在介质中与法线之间的夹角。

关于光的折射率，除了绝对折射率，还有相对折射率。相对折射率是指光从介质 1 射入介质 2 发生折射时，入射角 θ_1 与折射角 θ_2 的正弦之比。《数理化学会杂志》有文阐述了光的折射定律及其相对折射率：

如图 2－1－4 所示，"凡光线投射于二媒体之境界面上，则光线突变其方向，即光线之一部反射于第一媒体内，其残部概向第二媒体内进行，是日光之屈折向第二媒体内进行之光线曰屈折光线。由是测之结果而有次之定律：（1）屈折光线 OR 对于投射面 ION 之投射光线 IO 在垂线之反侧；（2）投射角之正弦即 Sinα 与屈折角之正弦 Sinβ 之比为定数，盖由二媒体之质及投射光线之种类以定之。今以数式表之如下 Sinα/Sinβ = $a^n b$。"[①]

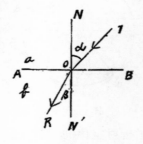

图 2－1－4

以上论述不仅阐明了光的折射定律，而且明确给出相对

① 金一新：《光之反射与屈折》，载《数理化学会杂志》1910 年第 4 号。

折射率公式：$\sin\alpha / \sin\beta = a^n b$。此式中，"$a^n b$ 为 ab 两媒体之质与投射光线之色之特有数，并表示媒体 b 对于媒体 a 之屈折率。图中 AB 为 a、b 两媒体之境界面，IO 为投射光线，OR 为屈折光线，α 为投射角，β 为屈折角，ION 为投射面。"[1] 该式虽与今日所作相对折射率公式有异[2]，但其含义则相同。

值得一提的是，在论述光的传播时，晚清期刊还述及光波与声波的不同。《格致汇编》在解答读者疑问时曰：

"运光之气与运声之气不同。运声气之波浪可以弯曲旋折，运光气之波浪直行不能弯转而有光差。即言日出入时，有明暗不等之气，其光与日体有高下之差，如日光照临水面，光即向旁斜照，光照于玻璃面，亦即回光返照。此二者之外，从无弯曲旋折时也。光运行气内，犹如掣直之麻绳，凭空悬系于此端，拨动其荡漾，直达于彼端，光气之动，不异是也。声气之动，如风吹麦田，千万顷俱生波涛，由此径行至彼；又如童子抛石于水面，俱生波纹。而光气之运动与麻绳之动亦有异，麻绳之动仅于一面，此端止达彼端，不能旁及。光气撼动前后左右上下四旁，面面皆可达到，且光无形质，人不能见，所得见者，惟光所照之物。"[3]

这里作者准确地概括了声波和光波的基本差异：前者可以弯曲旋折，后者则只能直行；前者之传播如投石于水，"俱生波纹"，而后者之传播则看"撼动前后左右上下四旁，面面

---

① 金一新：《光之反射与屈折》，载《数理化学会杂志》1910 年第 4 号。

② 光的相对折射率公式今作：$\sin i / \sin r = n_{21}$，其含义是：光从介质 1 射入介质 2 发生折射时，入射角 i 与折射角 r 的正弦之比 n_{21}，叫作介质 2 相对介质 1 的折射率。

③ 《互相问答》（第二百五十四），《格致汇编》1880 年第 3 卷秋。

皆可达到。"

在介绍光的传播时，晚清期刊还论及"小孔"成像问题。如《格致新报》问答曰：

"日光斜射纸窗，设窗纸上碎一小孔，成不等边形，其光线由孔引长至地，必成为椭圆形，请指其理。答：凡日光线穿过之孔，大于人目所见之日形者，则孔何形，光线亦作何形；如其孔径大只数分，而光线所射之处，相离数尺，则恒现圆形，其理与小照之镜箱同，不啻以日体照成一相于地上，特颠倒其形，上者为下，左者为右耳。故于日食时，如以小孔观其光线所射之处，则圆形亦缺，一如被食者无异。至于成为椭圆形者，因光线斜射于地，自成椭圆，愈斜则椭圆形愈长也。"①

这则问答揭示了如下原理：小孔成像的基本要求是孔要小，所成之像为倒立的实像，其理与照相机成像原理同；孔不够小时，直射光线成圆形光斑，斜射光线成椭圆形光斑。《理学杂志》有文也述及小孔成像之理。略谓：

"白昼闭户，室中黑暗不可辨，穿一圆形小孔，则孔外景色，倒映后壁。例如孔外有一木，由木顶发光，通过小孔，投射壁下，其树干与四周诸物反映壁上，且左则映右，右则映左，其上下左右与户外实际之部分，绝相反者（见图2-1-5），然其原形之委曲，无不毕显，而与镜面之映物无异也。"照相过程中，"光线之强弱，一视乎孔径之大小以为衡。……如径过

---

① 龚铭凤：《答问：第一百四十五问》，载《格致新报》1898年第12期。

大者，则通过之光线，不能集十数尺之距离，而壁上之影不显，然过小则又不能通过充分之光线，而所映之像，亦薄暗而不可辨，盖光通孔之强弱量与其孔之面积为比例。如一分径之孔，则较二分径之孔通四倍之光，较三分径之孔，通九倍之光。"[1]

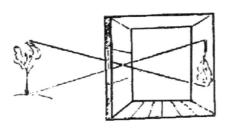

图 2 - 1 - 5

这里作者既指出小孔所成之像为倒立且左右颠倒的实像，又指出小孔大小与光线强弱的关系：孔愈小，光愈强，准确地表达了小孔成像之理。

二、光强与光速

光强即光的强度，是光源在单位立体角内辐射的光通量，用以表示光源的亮度。光通量是由光源向各个方向射出的光功率，也即每一单位时间射出的光能量。就笔者所见，晚清期刊文献未对光强有明确的定义，但对光强的大小有比较准确的概述。

按照光学理论，光强大小既取决于光能密度高低，又取

---

① 肖生：《写真术》，载《理学杂志》1906 年第 1 期。

决于物体对光源距离之远近，同时还受制于传播介质。光能密度愈高，光强愈大，反之亦然。光源距离物体愈远，光强愈弱，反之亦然。光在传播中因被介质"吸蚀"而趋弱。《益闻录》所载《论光》述光强与光能密度、光射距离的关系曰：

"光之大小，以光芒之多寡为准。……光芒有散射、并射、汇射之别。散射者，射光愈远，光芒愈散，愈散则愈稀，而其光愈小矣。经学士考验，知发光与受光之物，相去二倍，则光减四倍，相去三倍，则光减九倍，相去四倍，则光减十六倍，以后仿此。……若并射之光，断无此景，惟行经空气或他物之中，不得不稍受吸蚀，故亦渐小。"[1]

这里作者阐述了光的发散、平行和会聚情形下光强的大小。如其所言，"光之大小，以光芒之多寡为准。"此所谓"光芒之多寡"是指光能密度。发散之光，因射光愈远，光能密度趋小，故光强趋弱。反之，会聚之光，因射光愈远，光能密度趋大，故光强趋强。并射之光在传播过程中因被介质有所吸蚀，故其光强亦趋弱。

光强与到光源距离的关系遵循如下定律：光的强度与光源至被照物体表面的距离的平方成反比。《中西闻见录》有二处专论光强与光距的关系，一谓："光之理本与热同，若光离物四尺，其光为若干；再近二尺，即大四倍。……光之增减，如远近自乘之反比例焉。"[2] 二谓：光之"近与远比，其浓淡

---

[1] 《论光》（第四十一节），载《益闻录》1886年第591、593期。
[2] 朱格仁：《同文馆壬申岁试英文格物第一名试卷：光与热随远近增减其比例如何》，载《中西闻见录》1873年第7期。

若远自乘与近自乘比。……路远一倍，其光必减浓四倍；路远四倍，其光必减浓十六倍。”①

此外，《论光》一文还介绍了一种西人所制可以用来测定光强的“验光表”，见图2－2－1。其构造及测光程序是：

“甲字处系滞光玻璃一方，乙字处乃铜柱一茎，台上有蜡炬一。燃一烛，台之左侧有烛奴一，燃四烛，侧置而非并对玻璃。以此表置暗室中，见铜柱现二影，印于滞光玻璃，彼此淡黑不同，视火之远近大小为奚似。如二烛各燃一烛，并置柱前，则二影相同，若一炬移远二倍，则须燃四烛，方可与柱前一烛之影相等。若移远三倍，则须燃九烛，移远四倍，则须燃十六烛云。”②

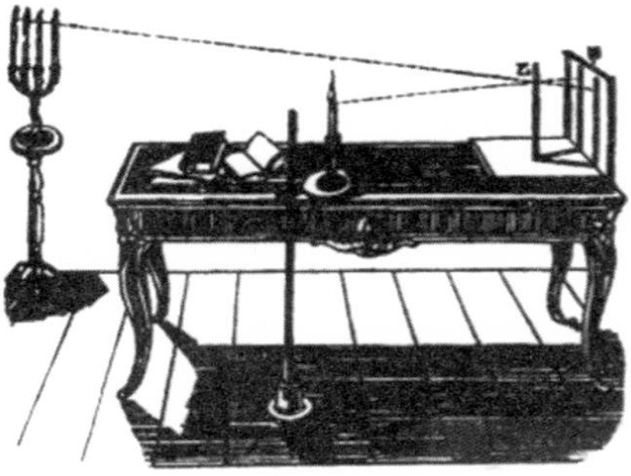

图2－2－1

这一验光表由滞光玻璃、铜柱、蜡烛和烛台等件构成。将其置于暗室内，通过燃烛对比实验，证明光的强度与光源至被照物体表面的距离的平方成反比例关系。此所谓“烛奴”

① 贵荣：《论光远近乘方转比》，载《中西闻见录》1873年第18期。
② 《论光》（第四十一节），载《益闻录》1886年第591、593期。

即烛台。

　　光速是光学领域内的一项基本常数。晚清期刊主要介绍了光速的测定问题。光速的测定一直是光学史上萦绕众怀、久久探索的课题。在解决这个问题之前，有人认为光恒以无限大的速度行进，并"在一瞬间从发光物体达到我们的眼睛"；有人则认为光的飞行速度是有限量的，并设法来测定它。如 1607 年，伽利略试图借灯光闪烁法测定光速，但未成功①。1676 年，丹麦天文学家罗默（Olaf Roemer，1644—1710）利用木星卫星掩蚀法，推知光的速度为有限，并谓光横行地球轨道约需时 22 分钟（实际为 16 分 38 秒)②，后来惠更斯根据这一数据和地球轨道直径的数据，计算出科学史上第一个光速值，即 214300 公里/秒。此值虽与目前测得的光速数据（299792 公里/秒）相差甚远，但其误差不在方法的错误，而在罗默未能准确测得光跨越地球的时间。因此，罗默实验的意义并不在于得出光速的数值，而在于揭示了光在空间中传播并不是瞬间的事实。就笔者所见，《中西闻见录》率先提及罗默的光速测定之理，其文谓：

　　"日光之速，由木星掩小星之时刻不同而考之。地绕日行，或在甲处，或在乙处，而人在地上观木星掩小星之时不同，盖木星距甲乙二处远近不同，故接光有迟速之差。以时

---

　　① 伽利略光速测定实验方法是：让甲乙二人在夜间每人各带一盏遮蔽着的灯，站在相距 1.6km 的两个山顶上。甲先打开灯，同时记下开灯的时间；乙看到传来的灯光后，立刻打开自己的灯。甲看到乙的灯光后，再立刻记下时间。然后根据甲乙所记时间间隔和两山顶间的距离来计算出光速。这种测定法虽然原理正确，但因光速太快，实验者无法测出其速度。

　　② 弓场重泰：《物理学史》，商务印书馆民国二十九年版，第 42 页。

计之，差十六分，其远近之差，即为地球轨道之径。日居地球轨道之心，其距地远近，即为轨道半径。夫以全径之差，较接光之差，为十六分，则半径之差，较接光之差，必为八分。故知日光至地之速为八分时也。既知此理，设另有若干远近之处，求其接光之速，即可由此类推矣。"[1]

这里作者准确地概述了利用"木星卫星掩蚀法"测定光速之理。《益闻录》对罗默的光速测定实验的介绍更为详尽：

"西历一千六百七十五年，有丹国学士名雷梅尔者，探悉一秒钟光行四十八万七千二百里。其探考之法，藉木星之随星为度，盖木星有四随星焉，绕木星而行，如太阴之环地而转。四星中至近木星者，名为第一随星，以四十二点钟二十八分三十六秒绕木星一周，行至木星后，日光为木星所阻，故随星不见，行至黑影下，则又见地球在甲字处，每四十二点钟二十八分三十六秒间，随星一被蚀，但地球自行轨道，一年一周，与随星相去愈遥，人见随星被蚀之时愈久。六月后，地在乙字处，随星之蚀较在甲字处加长十六分钟三十六秒，从知星光自甲字处行至乙字处，需时十六分三十六秒。按甲字处至乙字处，相距二万四千六百零四万里，以十六分三十六秒计之，便知一秒钟光行四十八万七千二百里。有精算者谓日光以八分钟十八秒行至地面，若以炮弹计之，须行十七年有奇。若以火车计之，须行三百五十年，始能抵日。虽光行迅速如此，然天上至近之星，发光须三年有余，始克

---

① 朱格仁：《同文馆壬申岁试英文格物第一名试卷：日光之速由何而考之？》，载《中西闻见录》1873 年第 7 期。

及地。其远星则有发光数千余年，始得抵地者。"①

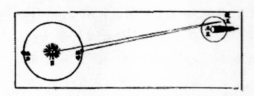

　　此所谓雷梅尔，即罗默；随星即卫星。这里作者道及罗默实验的重要发现：卫星绕木星运转，每隔一段时间就会被木星遮食一次②，但在一年的不同时期，地球所见木卫食周期有所不同，"与随星相去愈遥，人见随星被蚀之时愈久。"木卫食出现周期之所以因时而异，罗默给出的答案是，光的传播速度是有限的，因地球与木卫星的距离因时而变，故木卫星光线射至地球的时间因距离远近而长短有异，远则吾人所见木卫食周期长，近则短。此文作者谓 1875 年罗默"探悉一秒钟光行四十八万七千二百里"，不确。按史实，罗默是在 1876 年向法国科学院报告其观测情形，只是提出光的传播速度是有限的，光穿过地球轨道需要 22 分钟，并未推算光的速度，历史上第一个光速值是惠更斯依据罗默数据而推算出来的。

　　此外，《新世界学报》《小孩月报》也有文述及罗默的光速测定实验：

　　"最初发明光学者，为代麻柯之天文学家陆伊美尔是也。今于距离甚远之处，放射大炮，必先见其烟，始闻其声。夫

① 《论光》（第四十节），载《益闻录》1886 年第 588 期。
② 据罗默观测，距木星最近的卫星平均时隔 42 小时 28 分 36 秒即被木星遮食一次。

光与声同时发出于大炮，而顾光则于出之瞬息间，即达吾人之目，声则必于数秒后乃闻之，是亦足以知光之速度，必速于声之速度矣。陆伊美尔试验之方法如左：木星有数个之卫星，卫星时近地球，亦时离地球，其卫星或一时间内绕木星一周，而木星之近地球，其速较卫星尤甚。陆伊美尔以为我等于地球上观测此卫星，于同瞬间见其现象，光线之达我目，要即于其现象起之稍久后。其说亦与发于大炮之试验相似也。"①

"丹国有一天文士，名啰唉咪咡，得一妙法，知光行之速，确有实据。盖木星之月有四，旋绕木星而行，此天文士见木星之月，亏蚀若干时，又推算地球于此时刻，绕行日之轨道，八百六十四万里，见此一个月之光，多行十五秒，始至地面。缘此推算光行之速，确有证据，足以凭信。"②

这里比较准确地概括了罗默观测实验的方法，此所谓"代麻柯"即丹麦，"陆伊美尔""啰唉咪咡"即罗默，"木星之月"即木星的卫星。《格致汇编》也提及利用"木星卫星掩蚀法"来测定光速的史实："天文家观木星各月每有月蚀，推其应有月蚀之期，既至时刻，而月蚀不见，因推算未差，则知光从木星行至地球，必费若干时刻。故考此事，即知光行之速，每秒时为十九万二千英里，推计日光行至地球所费之时，约八分余。"③

---

① 马叙伦：《新物理学》，载《新世界学报》1902年第8期。
② 摩嘉立：《论光》，载《小孩月报》1881年第10期。
③ 《格致略论》（第一百十一），载《格致汇编》1876年第1卷秋。

罗默之后，又有学者采用其他方法来测定光速。如英国学者布莱德雷（James Bradley，1693—1762）于1728采用"光行差"法①，测得光速值为299930公里/秒。此值已略近于现在的公认的光速数值。法国物理学家菲索（Hippolyte Fizeau，1819—1896）则利用"旋转齿轮法"测得光速值为315014公里/秒，傅科（Jean Foucault，1819—1868）于1850年利用"旋转平面镜法"测得光速值为29800±500公里/秒，科尔尼（M. A. Comu，1841—1902）利用菲索之法测得光速值为3.004×10^8米/秒。美国学者、诺贝尔物理学奖获得者迈克尔逊（Albert Abraham Michelson，1852—1931）又利用"旋转棱镜法"测得光速值为299796±4公里/秒。《中西闻见录》有文集中概述了上述光速测定的基本方法：

"光行速而难测，每秒约十九万二千洋里。其测之之法有三：由木星之月蚀而推之一也，见第一图。缘木星随带有四小星，周行大星，而时有出没，既克推知其被遮时分，亦可知其于何时应见，然遇地与木星对行时，小星应见之候较同行时迟十六分时。推原其故，皆因其远近所差系黄道之全径，而光过黄道须十六分时，则由太阳而来须八分时明矣。……然太阳距地约九千二百万洋里，则光每秒应行十九万余里。……以旋镜而验之二也，见第二图。其法设机于暗室，开隙于甲，置凸镜一枚于乙，平鉴一面于丙，凹鉴一面在丁，其中心亦在丙。放光一线由隙入室，其光遇白金丝一根，透

---

① 所谓光行差，是指在同一瞬间，运动中的观测者所观测到的天体视方向与静止的观测者所观测到天体的真方向之差。

凸镜而照于平鉴，其金丝之影返照于丁，回照至丙，复返照透乙而归于原处，即金丝所在。若平鉴静而不动，此系必然之理。平鉴若旋转，则其影不归原处，乃移于侧，其远近与旋转之速惟称。再设玻璃一方于戊，以接其影，显微镜一枚于己，以窥之。置目于庚，以视之，则按其影偏于侧之分寸，而推光之迟速可也。然平鉴若旋转不速，则影无少异，盖其光往返于丙丁之间，为时极微，而鉴若秒中旋转八九百次，则回光移于左，而其往返之速可由之推测。通晓算学之士见图即可明其测法，故弗详述，以其妙不在算，而在验法也。此系法国弗格创造，弗氏以之验日光而得其速，每秒计十八万五千洋里。……以旋轮验之三也。其轮边有锯齿，一齿一隙，宽窄维均，旁设二气明灯，又置明鉴于对面山顶，使灯光由轮边齿隙，过卧筒而照于山头之镜，返照过筒而回，由甲隙而入，其轮旋不速，亦由甲隙而回，转稍速，则回光被甲齿所遮不见，转更速。又由乙隙而见，则以其光线往返之远近及轮旋之疾徐，而推光之迟速可也。斯法为法人费索创造，费氏以之推得光行每秒约十九万六千洋里。客春又有法人哥尔努者，略变其机，而以原法试之，得数稍增无几，而三法所验若合符节。由斯而论，则光行极速，每秒钟约有六十余万华里。"①

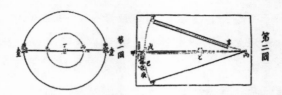

这里介绍了光学史上最具代表性的三种光速测定法，即罗默的木星卫星掩蚀法、傅科的旋转平面镜法和菲索的旋转齿轮法。此所谓"弗格"即傅科，"费索"即菲索，"哥尔努"即科尔尼。

菲索是第一个不用天文常数、不借助天文观察来量度光速的人。1849 年，他在《法国科学院周报》上发表《关于光传播速度的一次实验》，阐述了利用齿轮旋转测定光速的方法。其实验装置如图 2-2-2，其中 S 表示点光源，G 为反光镜，L_1、L_2、L_3 分别表示透镜，O 表示齿轮，M 表示平面镜。其测定方法是，S 光射于 G 镜发生反射后，经 L_1 聚焦于 O 点；从 O 点射出之光再经 L_2 变成平行光速。平行光运行 8.67 千米后，经 L_3 会聚于 M 镜上；再由 M 反射后按原路返回，进入观测者的眼睛。因齿轮有齿隙和齿，当光通过齿隙时观察者即可看到返回之光，当光恰好遇到齿时就会被遮住。从开始到返回的光首次消失的时间就是光往返一次的时间。根据齿轮的转速，即可测得光速。经过许多次观察实验，他测得光速为 315000 千米/秒。这个数值与当时天文学家公认的光速值只有较小的差别。其后科尔尼通过改良菲索"旋转齿轮法"，于 1874 年测得光速为 2.985×10^8 米/秒。

图 2 - 2 - 2

与此同时，傅科采用旋转平面镜的方法进行光速测定实验。1862 年，他在《法国科学院周报》发表《光速的实验测得：太阳的视差》。如图 2 - 2 - 3 所示，其测定法是：光从 S 射出后，经薄膜 M_1 和会聚透镜 L，抵达旋转平面镜 M_2，进而反射到凹面镜 M_3，然后再沿原路返回，复经 M_1 反射并成像 S'。若旋转镜 M_2 作高速旋转，则光线由 M_3 返回到 M_2 时，M_2 在这此时段内会有些许偏转，由此引起的像 S" 产生一个位置差$\triangle_s$，借此可以测算出光速。其测得的光速是 298000 千米/秒。

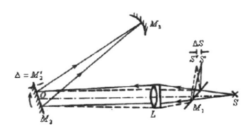

图 2 - 2 - 3

《小孩月报》有文不仅介绍了光速，而且指出日光射到地球所需时间，比较准确地说明了当时光速研究成果：

"日光射于诸行星以及彗星，每分钟行三千四百五十万里，如是日光射到地球约八分钟，射到最近之行星，即海王星，约四点钟。此行星得日光与热，较地球所得者仅九百分之一。诸行星皆绕日而行，彼本无光，唯藉日之光以为光。其光反照地球，故世人便见此行星，唯诸恒星则自有光，照于地球，人自可得见。恒星离地球远近不一，其光射至地球，或数十年，或数百年，更有离地球远甚，依天文士算，其光射至地须十万年，盖光行虽极速，因其距地球甚远故也。"①

三、平面镜、三棱镜、透镜与成像

平面镜、棱镜、透镜是成像光学领域最重要的元件，因镜面形状不同，其成像特点各异。

表面平整光滑不透明且能够成像的物体叫作平面镜。平面镜所成之像由光的反射光线的延长线的交点形成，主要具有如下特点：（1）呈正立等大之虚像；（2）像和物到镜面的距离相等；（3）像与物的连线与镜面垂直；（4）像与物对称于镜面。《理化学初步讲义》谓平面镜成像遵循光的反射法则，并以图文形式概述其成像特点：

"普通照面之镜，皆由此种法则反射成像。"如图 2-3-1，"于镜戊己之前，置矢甲乙，则其光线虽四面发射，而自镜入目者，惟限于丙丁之间。此光线延长于镜后，则集于甲'乙'之处。眼对此光线如觉甲乙之物体在镜中甲'乙'者，而于其处见甲乙之像。此像与镜之距离等于实物与镜之距离，其大小相同，而其左右相反，与以印版印字无异。"②

---

① 摩嘉立：《论光》，载《小孩月报》1881 年第 10 期。
② 钟观光、陈学郢：《理化学初步讲义》，载《师范讲义》1910 年第 2 期。

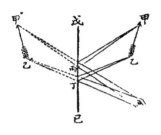

图 2 - 3 - 1

这里作者准确地概述了平面镜成像的基本特点：正立、等大、对称、虚像。

光学上将横截面为三角形的透明体叫作三棱镜。依照光学原理，光从棱镜的一个侧面射入，从另一个侧面射出，发生两次折射，射出光线跟入射光线相比，向三棱镜的底部偏折。其偏折角的大小与棱镜的折射率、棱镜的顶角和入射角有关。三棱镜成像是虚像，透过三棱镜观察物体，可以看到一个与物体位置较远的像，该像是折射光线的反向延长线形成的，故为虚像。《理学杂志》有文述及三棱镜的光偏折现象，略曰：

"三棱镜者，二平面镜之透明体也。"在实用上虽有三面，但其光线之作用则如图 2 - 3 - 2 所示之楔形者也。"今以三棱镜于楔形两侧之斜面线为'甲乙''丙丁'，戊己之光线，适当甲乙线而来，由空气、玻璃疏密度之差，光线不直行为戊己壬，而屈折为己庚。此屈折之度，由空气、玻璃屈折率之比而一定者。己庚直行之光线，再出空气时，亦如入时之屈折度，而屈进于庚辛之方。故三棱镜全体之作用，盖以戊己方向之光线，有己及庚之二回屈折，而此屈折之方向，必倾斜于三棱镜之厚部。"①

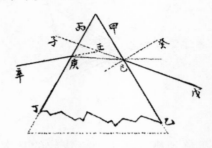

图 2-3-2

《理化学初步讲义》也分析了"三棱镜折射光路",略曰:

"用明净玻璃,制为三角形柱,使其体之厚薄,处处不等,则光线过之,屈折最多,是曰三棱镜。"如图 2-3-3,"置烛火于镜下,人自他面望之,则见烛之位置,如在镜上,是因烛火所发之光线入于玻璃,先在第一面向下屈折,后由第二面出至空气,再向下折。如此改变方向,以入于眼,则眼对光线而延长之,必见其物反在镜上。凡三棱镜之体,以近底处为最厚,而光线入之,皆向厚出而折也。"②

图 2-3-3

___

① 肖生:《写真术》(续),载《理学杂志》1906 年第 2 期。
② 钟观光、陈学郢:《理化学初步讲义》,载《师范讲义》1910 年第 2 期。

以上两则资料虽未论及偏折角与棱镜折射率、顶角和入射角的关系，但既准确地指出三棱镜折射线路，又指出三棱镜成像是由折射光线的反向延长线形成的虚像，即"眼对光线而延长之，必见其物反在镜上。"

透镜是成像光学领域最重要的元件，可分为凸透镜和凹透镜。镜体中央部分比边缘部分厚的名凸透镜，有双凸、平凸、凹凸等形式；中央部分比边缘部分薄的名凹透镜，有双凹、平凹、凸凹等形式。《学海》有文曰："透镜之形不一，要可分为二种。一、凸面透镜，二、凹面透镜。其中厚外薄者曰凸面透镜，中薄外厚者曰凹面透镜。"[1]《理化学初步讲义》亦曰："透镜以玻璃为之，中央较两端厚者曰凸透镜，中央较两端薄者曰凹透镜。"[2]《论光》更介绍了透镜的六种基本形式，大略曰：

"弯镜种类繁多，习用者惟二种。一曰凸镜，光面如馒头式，崛起少许；一曰凹镜，光面低下，如浅碗式。"[3] 凡透镜，"或两面凸起，……或一面凸、一面凹，或两面俱凹，总计有六"，见图2-3-4。其中"甲乙丙三形，中间厚于四周，光入坯中，聚于一处，故名曰聚光坯。""丁戊己三形，中间薄于四周，光芒过坯，散射于后，故名散光坯。甲坯两面皆凸，名双凸坯。丁坯两面皆凹，名双凹坯。乙坯一面平一面凸，名平凸坯。戊坯一面平一面凹，名平凹坯。丙坯名聚光初坯，

---

① 朱炳文：《照像光学之大要》，载《学海》（乙编）1908年第1卷第2期。
② 钟观光、陈学郢：《理化学初步讲义》，载《师范讲义》1910年第2期。
③ 《论光》（第四十四节），载《益闻录》1886年第597期。

己坯名散光初坯，因聚光散光皆以是为初阶也。学者讲求光学，只须验甲丁二坯，而他坯可以类推矣。"①

图 2-3-4

凸透镜对光线有会聚作用，凹透镜对光线有发散作用。《写真术》曰："透镜虽有种种，大别之有二类，即集光性与散光性是也，如远视镜、虫眼镜之类属集光，近视镜属散光。"前者为凸透镜，后者为凹透镜。②《照像光学大要》曰："凸面透镜有集合光线之效力，凹面透镜有放散光线之功能。"③《理化学初步讲义》曰："凡透镜皆可视为二个三棱镜连合而成，其通过之光线，向棱体厚处屈折。凸透镜以棱底相重，厚处在中，故能折其光线，向中心聚集。凹透镜以棱顶相重，厚处在边，故能折其光线，向边角分散。故凸透镜能收敛光线，凹透镜能发散光线。凸度愈高，收敛愈近。凹度愈深，发散愈远也。"④

按照光学原理，凸透镜是折射成像，其成像规律是，置物于焦点之外，其在凸透镜另一侧成倒立之实像，实像有放大、等大、缩小三种。物距愈小，像距愈大，实像亦愈大。

① 《论光》（第五十节），载《益闻录》1886 年第 610 期。
② 肖生：《写真术》，载《理学杂志》1906 年第 2 期。
③ 朱炳文：《照像光学之大要》，载《学海》（乙编）1908 年第 1 卷第 2 期。
④ 钟观光、陈学郢：《理化学初步讲义》，载《师范讲义》1910 年第 2 期。

置物于焦点之内，其在凸透镜同一侧成正立放大之虚像。物距愈大，像距愈大，虚像亦愈大。在焦点上时则不会成像。《论光》以双凸镜为例阐述了凸透镜的成像规律：

"光芒经双凸玻璃，能成物象。……象分二式：一实像，一虚像。凡物在聚光坯之首芒汇外，坯后成倒像"，如图2-3-5，"形色分明，惟妙惟肖，此实像也。……凡物置于双凸坯与首芒汇间，便成虚像，正且大"，如图2-3-6，"虫在丙字首芒汇与双凸坯间，光芒自虫散射于坯，出坯后汇于目中，目视□光，爰见子处之物在甲处，丑处之物在乙处。由是递推，便见全体，是为虚像。因次轴光芒不复互交，故其像正，又以成像处离坯颇远，故其象大。"[①]

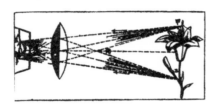

图2-3-5

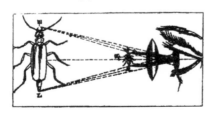

图2-3-6

这里作者基本概括出凸透镜的成像特征，即物体在焦点

---

① 《论光》（第五十二节），载《益闻录》1886年第614期。

之外，在凸透镜另一侧成倒立之实像；在焦点之内，则在凸透镜的同一侧成正立放大之虚像。

值得一提的是，在介绍凸透镜成像原理时，晚清期刊有文还论及高斯成像定理及其公式。该定理是指物距的倒数与像距的倒数之和等于焦距的倒数，其公式是：$1/u + 1/v = 1/f$，其中 u 表示物距，v 表示像距，f 表示焦距。实像为正，虚像为负。《写真术》以图文形式阐述了这一定理和公式：

如图 2 - 3 - 7 所示，"实物之距透镜，与透镜之距实像，即由丙至心之距离，与由心至丙之距离，有一定之关系存焉。丙心之距离若增，则心丙'之距离必为之减短，否则所映之像即不得鲜明之效果。如置物于四十寸之距离，而所映之像在八寸之距离，则四之逆数 1/4，与八之逆数 1/8 之和为此透镜固有之定数。若物在九十寸时，其映像之距离为卯寸，则 1/8 与 1/卯之和亦必等于其定数。……着物在无限距离，则其映像必在透镜之焦点，是曰焦点焦距。故以透镜与物象之距离为（寅）寸，与映像之距离为（卯）寸，而透镜之焦点距离为（午）寸，则 1/寅与 1/卯之和必等于 1/午。是即所谓一定之关系也，名之曰相属之焦点距离。"[1]

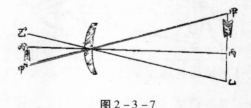

图 2 - 3 - 7

① 肖生：《写真术》（续），载《理学杂志》1906 年第 2 期。

这段话准确地概述了高斯成像定理，其数学式是：1/寅 + 1/卯＝1/午。寅表示物距，即"透镜与物象之距离"，卯表示像距，即"透镜与映像之距离"，午表示焦距。其与今天的数学表达式的内容完全相同，只是代码有异。其中所谓"逆数"即倒数。

同时，《论光》还述及单面凸面镜的成像规律。此种凸面镜是由一面是凸面而另一面不透明的镜体组成，只能成缩小的正立的虚像。《论光》曰：

"凸镜照形，总系虚像"，如图 2－3－8，"对镜者不拘在远在近，其像恒小而正。譬有凸镜一枚于此"，如图 2－3－9，"额与下颌射光至镜，由镜折射于目，目之视像，瞳光之直线，而直线汇于近镜处，上下相距无几，故其像小且近云。"[①]

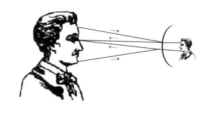

图 2－3－8   图 2－3－9

凹透镜的成像规律是，当物距小于焦距时成正立、放大的虚像，物体离镜面越远，像越大；当物距大于 1 倍焦距小于 2 倍焦距时，成倒立、放大的实像；当物距等于 2 倍焦距

① 《论光》（第四十六节），载《益闻录》1886 年第 601 期。

时，成倒立、等大的实像；当物距大于 2 倍焦距时，成倒立、缩小的实像，物体离镜面越远，像越小。《论光》述凹透镜的成像规律曰：

"凹镜之像有二：一实像，一虚像。人在凹镜前稍远，见己容倒且小，是为实像"，如图 2-3-10，"若应照之物，置球心及芒汇中间，物象成于芒汇之后，愈远愈大，故凹镜成像，未必小于原物。"① "人若在球心及芒汇之间，其像成于人后，故不见人。人若在芒汇处，光芒由镜折射，并行不汇，故不成像。人若益近凹镜，则复见己容，正且大"，如图 2-3-11。"然此乃虚像，其故如图 2-3-12，"额上甲字处，射光至镜，由镜折返至目，目则随光直视，见额在镜后子字处，又下颌乙字处，射光至镜，由镜折返至目，目则随光直视，见下颌在丑字处。由是递推，便有全像，大且正焉。"②

图 2-3-10   图 2-3-11

① 《论光》（第四十五节），载《益闻录》1886 年第 599 期。
② 《论光》（第四十六节），载《益闻录》1886 年第 601 期。

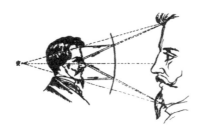

图 2 - 3 - 12

这里作者述及凹透镜的成像情况，谓"人在凹镜前稍远"，成倒立、缩小的实像，"人若益近凹镜"，成正立、放大的虚像，其论虽嫌笼统，但基本含义准确。

以上引文中所谓"芒汇"即焦点。焦点、焦距为透镜成像原理中的重要概念，晚清期刊文献皆予比较详细的阐述。焦点可分为凸透镜焦点和凹透镜焦点，前者为平行光通过凸透镜后会聚之点，后者为平行光通过凹透镜后发散出去，光线的反向延长线交汇之点，一般称虚焦点。《理化学初步讲义》论其含义曰：

"使凸透镜受日光，则光线通过之后，聚于一点，……易燃之物于此点，则焦而燃烧，是为凸透镜之焦点。……以凹透镜受日光，则光线通过之后，尽行发散，无焦点可寻，惟引长之于镜后，亦能会为一点，此点不能燃物，名曰凹透镜之虚焦点。"①

焦点又有主焦点、副焦点、共轭焦点之别。平行于主轴的平行光线经折射或反射后的相交点必在主轴上，而在主轴

---

① 钟观光、陈学郓：《理化学初步讲义》，载《师范讲义》1910 年第 2 期

上的焦点叫作主焦点。平行于某一副光轴的光束，经透镜折射后，会聚于副光轴上一点，此点即为透镜的副焦点，副焦点都在焦平面上。《论光》述及主焦点和副焦点的含义：

"凡并行光经双凸坯，总汇于一处，西人名为首芒汇。欲知芒汇所在，须以双凸坯受日光后，置一白纸于坯后，数四易地，见纸上最明处，便是首芒汇。若灯火等光来自近处，情形反是。"图 2-3-13，"甲字为首芒汇处，若置火于乙字处，其光散射于双凸坯，衰而不并，故遇坯后，不聚于首芒汇处，然聚于丑字处，西人名为次芒汇。"①

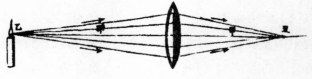

图 2-3-13

此所谓"首芒汇""次芒汇"即主焦点、副焦点。《学海》有文则述及焦点、主焦点和共轭焦点：

"光线通过镜球，被镜球所收束而会于一点，名此点曰透镜之焦点（focus）。例如取火镜，一面使受日光，置白纸于他线，则太阳光线在纸上现一圆形。若将镜上下移动，使太阳光线缩至最小之一点，则纸即燃烧，是即取火镜之焦点也。若光线从太阳极远之处射来，只生一焦点，称此焦点曰主焦点（Principal focus）。若光线从近处射来，其发光线与其所生焦点可以互换其位置，然二点常在同一直线上，称此焦点曰

---

① 《论光》（第四十六节），载《益闻录》1886 年第 601 期。

共轭焦点（Conjugate focus）。"①

　　焦距就是镜片中心和焦点之间的距离。《照像光学之大要》一文界定其含义曰："自镜球至主焦点之距离曰焦点距离。……若为单镜球，自镜球中心至主焦点，若为复镜球，自两镜中间至主焦点之距离也。"②

　　透镜成像分析涉及诸多数学计算，《格致汇编》所载"算学奇题"中特列"光学十题"明其大略，见表2－3－1，其中包含眼镜度数、像距、光距、焦距，折射率等计算问题。

表2－3－1　　"算学奇题·光学十题"题名

序号	题目
1	有远视眼距物四十二寸，始视物清真，问伊当用何码镜；又有近视眼，距物六寸，始视物清真，问伊当用何码镜？
2	有灯两盏，其光之浓淡，若三比二，相距十二尺，问二光等浓之处，距大灯几何？
3	问二镜必交何角，方可使光与此镜平行而入，被返二次，又与彼镜平行而出？
4	有反光凹镜，其大光心距镜半尺，若物距镜十二尺，问像距镜几何？
5	若有鱼距水面四尺，光线入目，与垂线作角四十五度，今欲用叉叉之，问叉与水面垂线当作何角，方可取准（目距水面五尺）？
6	有双凸透光镜二，半径第一为二寸，第二为四寸半，光点距镜十五寸，若玻璃之折光旨为一零千分之五百三十四，问其联光心距镜几何？
7	配合二镜，使无色差，要使二镜相离一寸，但知聚光镜之大光心距镜四寸，又要使二镜之公大光心距镜六寸，问散光镜之大光心距离几何？

①　朱炳文：《照像光学之大要》，载《学海》（乙编）1908年第1卷第2期。
②　朱炳文：《照像光学之大要》，载《学海》（乙编）1908年第1卷第2期。

序号	题目
8	有一种水,要求其折光旨,按法试之,只知聚光镜之大光心距镜四寸,半径等于五寸,水与镜相配之公大光心距离六寸,其折光旨几何?
9	取杆一尺长,使距镜五尺,则像长三尺,问镜之大光心距镜多远?
10	若有人目距地面六尺,距渊十八尺,于渊内仅见树影之顶,若树距渊三百尺,问树高几何?

资料来源:《算学奇题:光学十题》,载《格致汇编》1892 年第 7 卷秋。

光之于自然、社会颇多益处。如植物之生长,有赖于光照。晚清期刊对这一问题多所介绍。如《知新报》论各种光色与植物的关系曰:

"近人考求光学之理,言太阳之光原为红黄蓝三色合成,……与人物之生长、化学之离合大有关系。其红光带热,有养补之力,蓝光带寒,有化分之力,黄光明亮,有显扬之力。……植物赖光而生,人皆知之,惟全赖红光而畏蓝光,则前人未之知也。近有法国博士名琴美罗付蓝马伦者,在沼委市埠耕稼学舍读书,得新理,极其大用。用花盆四个,同置于一处,每花盆种花树一枝,热度常相同,水土各无异,惟所受之光不同。一盆为红光,一盆为绿光,一盆为白光,一盆为蓝光。其取光之法,用有色之玻璃,接漏日光也。自落种以至两月,其受红光者高至一尺六寸,受绿光者仅五寸,受太阳之全光者高四寸,而受蓝光者止高一寸。其得红光者仅五礼拜即开花,其枝叶皆青绿柔嫩可爱,壮大异常;其受蓝光者则无花而又枯浊可厌。其受红光者,枝叶极灵动,以手弄之,即时舒而时卷矣;受绿光与蓝光者,全无灵性,而受白光者,虽稍有灵性,惟极粗硬,枝节太多,两月之久,虽有花而未开。此人又将其法施他物，如蛇母子之类，所得结局亦同，受红光者得果早而大，受蓝光者全无花果。此法一传，人争试验，将见植物之世界，别现新景。"①

此所谓"琴美罗付蓝马伦"为何人，待考，其实验证明红光最宜于植物生长，蓝光则不宜于植物生长。此外，《江南商务报》《政艺通报》《万国公报》《真光月报》《东方杂志》《华美教保》《通学报》《北洋学报》等亦有文专论光与植物的关系，其中《万国公报》曰：

"植物之茂盛，全恃日光，近有人用阿山德里尼灯，其光甚白，与日相似。以分光镜试之，诚然。故如有植物，以此灯照之，使永不见日光，其茂盛亦与饱受日光者正相同。或以红萝葡数枚，一则仅置于日光中，一则并置于灯光中，而三十枚中，其夜得灯光者，茂盛较仅昼得日光者加倍。试之豆类，其兼得灯光者，已开花见荚，而仅得日光者，则尚无蓓蕾也。以上皆美国某大学校植物专家之所研究，而其关系于生业，则尚未可知耳。"②

光学具有广泛的应用性，小者如近视镜、老花镜、"西洋镜"之制作，大者如望远镜、显微镜的制造，皆以光学成像原理为理路。《格致初桄》即论及近视镜和老花镜的光学原理，谓前者为凹镜，后者为凸镜。凹镜成缩小虚像，像距离小于物距，近视眼即能看清。凸透镜成放大虚像，像距离大于物距，老花眼即能看清。故读书时，"老光者必须将书放远

---

① 《光学植物》，载《知新报》1897 年第 9 期。
② 林乐知译《光学有益于种植》，载《万国公报》1905 年第 200 期。

些，然后字迹清楚；其近视者必须将书放近些，然后看得明白。"① 《格致新报》在"答问"中专门解答近视镜、老花镜配镜光学之理。② 《科学一斑》则论及"西洋镜"的成像原理，谓西洋镜又名"多像镜""其构造即以两平面镜互置一处，使成若干角度。……若置图画及种种之玩具等于其间，徐徐运转之，则因其光线反射之作用，能使一物体变诸班之状态。其原理即利用反射光之理以引申之。"③ 至于望远镜、显微镜的制造，将在后文详述。

---

① 白耳脱保罗：《格致初桄：论眼镜》，载《格致新报》1898 年第 6 期。
② 竹林居士：《答问：第五十三问》，载《格致新报》1898 年第 7 期。
③ 植夫：《释照画镜之理》，载《科学一斑》1907 年第 1 期。

第三章 物理光学基础知识

物理光学是以波动理论研究光的传播及光与物质相互作用的光学分支，又称波动光学，主要涉及光的本性、光谱现象、光的干涉、光的衍射、光的偏振等内容。与几何光学不同，物理光学不仅考察孔径远大于波长情况下的光的传播过程，而且研究任何孔径情况下的光的传播过程。晚清期刊主要论及光的本性与光谱现象。

一、光的本性

何谓光？这是学术界久争不已的老难问题。历史表明，人类对光本性的探研，大体沿着实验—假说—理论—实验的路径前行，经历了从光是"物质的微粒""以太的振动"、电磁波到光是具有波粒二象性现象的认识历程，其中"微粒说"与"波动说"的争论持续了几个世纪之久。

概而言之，笛卡尔、牛顿等人持"微粒说"，大略认为光是由大量的机械微粒所组成的粒子流，光的折射和反射是由其粒子所遵循的力学定理决定的。胡克、惠更斯等人持"波动说"，大体认为光是一种机械波，由发光物体振动引起，依靠一种称作"以太"的弹性媒质来传播的现象。这两种学说虽然长期争执不下，但"微粒说"总体上占据主导地位，直至 19 世纪初随着光的干涉和衍射现象的发现，"波动说"才最终战胜"微粒说"成为当时学界公认的光性质说。对于光本性的认识，晚清期刊文献多有介绍，兹引数例如下：

1. "光有二说：一谓光为细质散布也，一谓光乃微气飐动也。前人虽信前说，而后人考之，知有不通之处。如一烛之光能照数里，若光为细质，则一烛之质，不得有若是之多，而后说则无不可通，亦若声音藉气以扬，其理固长也。"[①]

2. "光为何物？迄今格致家尚难确言。……昔人以为光与热俱为极薄之流质，近时格致家之意，俱以为光乃由一种气质之动而生。此气质，万物内无处不有。"[②]

3. "光原为波浪，日与众行星之间有极巨之气海，一由日边直至地间，其光即气海之波浪也。此理为英人永公多马于耶稣后一千八百有二年时查得。伊云：光为太虚气所生波浪，初时信者犹乏，而今则无人不信矣。昔时荷兰海根斯言是理，未尝指出确据，英国奈端以其理为非，总以光为日射可信。"[③]

4. "泰西古学士谓光乃一种微渺昭明之物，散蔓寰区，无隙不入，目遇之而见，不遇则否。此古人之说，今已舍弃，无有从者。近代形性之学，愈考愈精，……知光者本乎明体，如太阳、星辰之类是。其体元质，时常运动，迅疾不可言喻，

---

① 朱格仁：《同文馆壬申岁试英文格物第一名试卷：光有二说，其理孰长》，载《中西闻见录》1873 年第 7 期。

② 《格致略论》（第一百十），载《格致汇编》1876 年第 7 卷。

③ 《互相问答》（第二百五十四），载《格致汇编》1880 年第 3 卷秋。

历久弗休，始终无间。其动初传于附近之精气，既而由近及远，无处不动，即无处无光，因六合中有精气充塞也。"[1]

5. "格学者之中向有二意见论此事，或以光为发明之埃微所出，或以其象为摆摇传散，经过至微渺而张力之气。第一者乃大英名士扭登所从之而定其推算，第二者今以众人所从。"[2]

6. "昔时艺优通（Newton）氏辈诸大家谓光乃有名光素之一种质料，无间无断，从发光体发出，分射六方，已成光线；然自波动说之一种学说唱起，至今人皆确信后说。"[3]

以上引文皆述及光的本性，指出"微粒说"与"波动说"的差异，其中所谓"扭登""奈端""艺优通"即牛顿，"光微粒"说的代表者；"海根斯"即荷兰科学家惠更斯，曾在《光论》（1690）一书中阐述了光波动原理。"永公多马"即英国科学家托马斯·杨（Thomas Young，1773—1829）。他多才多艺，在数学、力学、声学、光学、动物学、语言学、埃及学等领域皆有建树。通过"杨氏干涉实验"，他提出光不是微粒，而是一种波。

从晚清期刊文献看，光波动说已为学人普遍认可，认为光如同水浪、声浪一样，是一种波动现象。如《小孩月报》有文曰："论光之体性，化学家云：苍穹中有精气，散于各处，其摇动如水纹一般，因成为光。"[4]《万国公报》有文曰："光由所热之物而生之浪也，与水浪、声浪不同而同者也。"[5]《理学杂

---

① 《论光》（第三十九节），载《益闻录》1886 年第 586 期。
② 慕威廉：《光》（十六章），载《万国公报》1890 年第 19 期。
③ 西台：《色之感觉》，载《学海》（乙编）1908 年第 1 卷第 2 期。
④ 摩嘉立：《论光》，载《小孩月报》1881 年第 10 期。
⑤ 高保真：《论光与声与色之理》，载《万国公报》1905 年第 197 期。

志》有文曰:"光本为一种之波动所成,无异音由空气之波动而成者也。音之波动,其振动数值过多或过少者,则耳不能听;光之波动或少于赤,或多于紫者,则自不能见。故色素之异,由波动数之多少而现,亦不殊乎音调之有高下也。"①

值得注意的是,时人虽然已经认可光波动说,但又认为光的波动需以"以太"(Ether、Aether)为媒介。如《理工》有文曰:"光之发生,由于分子及原子间之震动,而四围之以太受之,以传达于空中者。"②《学海》有文曰:"无论在物质或真空中,皆有名以太儿(Ether)之一种媒介,弥布充溢,而发光体之分子振动,即起横波于此媒介中。"③《通学报》有文亦曰:"凡物因热而生光,皆由于其分子振动,传于空气中之阿屯,再由阿屯传于人目,乃达视神经而使知有光。按阿屯者,乃理学家所考知,为空中必有之物,以为光之传导而假定其名者也。"④

此所谓"以太儿""阿屯"即以太。以太本来是古希腊哲学家所设想的一种物质,后被引入物理学研究领域,假想为声、光、电传导的媒质,到19世纪末20世纪初,随着狭义相对论确立,"以太"论才被学界所抛弃。

二、色散与光谱

所谓色散,是指通过分光器将复色光分解为各种单色光

①　肖生:《写真术》(续),载《理学杂志》1906年第2期。
②　胡仁源:《光学》(续),载《理工》1908年第4期。
③　西台:《色之感觉》,载《学海》(乙编)1908年第1卷第2期。
④　《论光》,载《通学报》1908年第83期。

的现象；而光谱则是指经由色散所形成的单色光按波长（频率）大小而依次排列的图案。一般认为，牛顿为色散及光谱研究的开创者。1672 年，他利用三棱镜将太阳光分解为赤、橙、黄、绿、蓝、青、紫七个色带，并名之为"光谱"。《万国公报》《理工》论及牛顿的色散实验及光谱排列情况：

"光体本白色也，始验白光有七色者，奈端（Sir Isaac Newton）也。奈端于千六百七十二年，即康熙十一年，将窗涂黑，仅留一孔，以逗日光，置三棱玻璃于孔上，而白色俄现诸色，是以明之。后人以厚纸作轮，分染诸色，转其轮而诸色无有，惟睹为白，乃又悟白光能为诸色，诸色可返于白也。"①

"电灯之所发射，本纯白无色之光线也。通过于一列之三角镜时，则分析为七色光带，此即奈端之所发明，分解日光，使成七色，所称为司排克持鲁（spectrum）者是也。七色之光谱，始于红，终于紫，而此外之颜色位于其间。"②

此所谓"司排克持鲁"即光谱（spectrum）。《画图新报》《格致汇编》《学海》分别论及利用三棱镜在暗室中进行色散的方法（参见图 3 - 2 - 1）：

"暗室中破一孔，使日光透入，则成一光线，用三棱玻璃放于光线中，即能分七色。……若无三棱镜玻璃阻之，则光必……为白色。若透过三棱玻璃，即折而映于墙上，分为七色，自上而下，一为紫，二为蓝，三为淡蓝，四为绿，五为黄，六为橙黄，七为红。"③

---

① 高保真：《论光与声与色之理》，载《万国公报》1905 年第 197 期。
② 胡仁源：《光学》（续），载《理工》1908 年第 4 期。
③ 《格物浅说：论光分七色》，载《图画新报》1892 年第 1 期。

"将光分为七色，事甚雅趣，所费亦廉。法用数寸长之玻璃条，成三棱形，谓之三棱镜，托以架，置于暗室。……于门或窗凿一小孔，透进日光，使三棱镜射于素屏，则屏上备呈七色，由下而上，初红，次橙，次黄、绿、蓝、青、紫。"①

"太阳光线，原为白色，若以法分析之，大要由七色而成。试在暗室中，从壁上穿一小孔，太阳光线自孔射入，其进行之路若无他物障碍，则必取同一之方向，直达于对壁，现一太阳之肖像。若将三棱镜（三棱柱体玻璃镜）置于孔间，遮断其进行之路，则光线即折入镜内，且同时分解，呈种种美丽之色，透出镜面，现一带形于壁。详察其色，虽甚复杂，大概可区别为七种，即红、橙、黄、绿、青、蓝、紫。此七色常有一定之顺序，通常称之光带曰日光七色景（spectrum）。"②

图 3 - 2 - 1

图片来源：《光理浅说》，载《格致汇编》1892 年第 1 卷春。

三棱镜可以色散，六棱镜也可以色散。《格致初桄》曰：

① 《光理浅说》，载《格致汇编》1892 年第 1 卷春。
② 朱炳文：《照像光学之大要》，载《学海》（乙编）1908 年第 1 卷第 2 期

"分光者何谓也？譬如以六角式玻璃，对日光而辗转照在白纸上，则色点陆离。仔细观之，中间有黄有绿，两边有红有蓝有紫，宛如天上之虹，计有七色：始而紫色，继而靛蓝，继而蓝，继而绿，继而黄，继而橘皮黄，既而红。"[1]

《格致略论》不仅论及色散，也指出色散之因：

"如令光行过三棱镜玻璃或别种透明之质，则其光分为七色，即红色、橘皮色、黄色、绿色、蓝色、靛色、紫色、茄花色。……光能分七色之故，因各色之折光不同。红色之折光最小，茄花色为最大。七色相并，则得白色；红色、黄色相并，则成橘皮色；黄色、蓝色相并，则成绿色。其余类推，凡两色相并，所得之色，必为其中间之色。故亦谓之间色也。"[2]

这里作者谓光可以分为七色，但列出八种颜色：红色、橘皮色、黄色、绿色、蓝色、靛色、紫色、茄花色，其中橘皮色为橙色，靛色为青色，紫色与茄花色为同色。作者又谓光分七色之因在于各色折射率的不同，二色相混必为"中间之色"，持论准确。《益闻录》所载《论光》则以图文形式分析了色散及其成因：

"日光通过三棱玻璃，二折而散，……又分七彩。"如图3-2-2所示，在暗室中置一三棱坯，"对面置圆板一，窗上启一小穴，日光自穴入，过三棱坯，二折而散，照于板上，斑驳离奇，共分七色：一紫，二青，三蓝，四绿，五黄，六

① 白耳脱保罗：《格致初桄：论分光与日色图》，载《格致新报》1898年第7期。
② 《格致略论》（第一百十四），载《格致汇编》1876年第7卷。

丹，七红。其故非他，因白光中固含七彩，而受折多寡不同，故分焉。"①

图 3 - 2 - 2

这里作者准确地概括了色散的基本原理：复色光进入棱镜后，由于它对各种频率的光具有不同折射率，各种色光的传播方向有不同程度的偏折，因而在离开棱镜时就各自分散，将颜色按一定顺序排列形成光谱。

此外，《理学杂志》《理化学初步讲义》也有文专论色散及其成因：

"分光之法，以种种复杂异性之光线，如太阳光等，当之以三棱镜，则由各光线屈折率之大小，顺次并列，分途射出，俗所谓七色者是也。此七色中，实有无数异色之光线成此光带时，此七色尤为昭著而称之曰光素。其屈折率各不相同，紫最大，蓝次之，青绿又次之，黄橙又次之，而赤为最小。"②

---

① 《论光》（第五十五节），载《益闻录》1886 年第 622 期。
② 肖生：《写真术》（续），载《理学杂志》1906 年第 2 期。

如图3-2-3所示，"自细隙导入日光，通过三棱镜，以屏受之，……则生美丽之色彩，依次数之，为红橙黄绿青蓝紫等七色，是名光带，亦曰光图。此因太阳之光非仅含一种光线，实由多数之异色光线集合而成，惟其屈折之度，各色不同，故通过三棱镜时，分散而现七色。"[1]

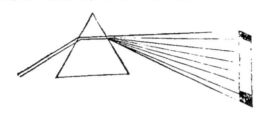

图3-2-3

按照色散理论，日光可以色散为七色，反之七色也可以还原为白色。如将一张绘有七色的圆纸片套在圆棒上，"使其旋转如轮，则七色不见，惟见白色不甚清晰，以所绘者未能悉合也。或不用七色，只用红黄蓝三色，亦现白色。"[2] 《光理浅说》亦曰：凡光"能分七线，各线能使目觉有不同之色，各色并合入目则觉白，是白为光之合，而色为光之分。如将七色依次绘于轮边，速转之则匀和而显白色。"[3]

晚清期刊不仅提及光谱现象，而且做了简单的光谱分析。《光理浅说》分析了光谱的宽度，谓七色光"宽窄不同，如将其光色带均分百分，则红居十一，橙居八，黄居十四，绿居

① 钟观光、陈学郛：《理化学初步讲义》，载《师范讲义》1910年第2期。
② 白耳脱保罗：《格致初桄：论七色复白》，载《格致新报》1898年第7期。
③ 《光理浅说》，载《格致汇编》1892年第1卷春。

十七，蓝居十七，青居十一，紫居二十二。"① 《学海》有文从光的温度、强度和化学作用方面对光谱分析如下：

"七色景依种种方法试验之，实有三种不同之性质。（一）温度高之部分；（二）光辉强之部分；（三）化学作用盛之部分。"图 3 - 2 - 4 中的七色，"表日光七色景，其上三曲线，表各色性质之强弱，即曲线高处表其性质之强，曲线低处表其性质之弱。第一曲线，表温度之高低。七色景中，紫色光线温度最低，至赤色光线温度渐次增加，其最高之处，在七色景以外之部分。第二曲线，表光辉之强弱。七色景中，光辉最强者为黄色光线，其次橙黄色及绿色光线。其近七色景之两端者，渐次减弱。第三曲线，表化学作用之盛衰。赤色光线最为衰弱，经橙黄而至绿尚未强盛，至青色光线强度骤增，紫为最盛之部分。由紫渐离七色景，渐次衰弱。此三者性质内，如第一、第二属于物理之性质，……惟第三属于化学之性质。……赤橙黄绿各光线，化学作用甚迟钝，青蓝紫各光线化学作用甚激烈。"②

图 3 - 2 - 4

这里准确地概括了七色光谱的基本特性：七色光中，论温度，红色最高，紫色最低；论强度，黄色最强，紫色最弱；

---

① 《光理浅说》，载《格致汇编》1892 年第 1 卷春。
② 朱炳文：《照像光学之大要》，载《学海》（乙编）1908 年第 1 卷第 2 期。

论化学作用，紫色最强，红色最弱。文中所及"七色景以外之部分"，即今日所谓"紫外线"。

《益闻录》有文更从光的折射率、频率和温度等方面分析了光谱特性：

"观七彩上下序次，知最折者为紫彩，其次青，其次蓝，降至红彩，受折最少。……。各彩所以不同之故，因光之传，由精气之动，而精气之动，徐疾不齐。学士咈雷呐谓传红彩之精气，每秒钟发四百五十八兆兆动，传紫彩之精气，每秒钟发七百二十七兆兆动。其传至人目，速缓稍殊，随动之多寡。至七彩照物，惟绿与黄为最明。故细字置黄绿二彩中，点画分明，易于辨认。若置红紫二彩中，则不甚明。又以寒暑表次第置七彩内，红彩最热，表上度数最多，其余渐减。于以知红彩中自有热芒，惟人目不见耳。又太阳光每消草染之色，如色布色纸，久经日光，其色渐杀。化学家有药水数种，本白色，一受日光，便作黑色。凡此变色之力，非七彩均具，惟紫彩为最。"①

这里作者也指出光谱的基本特征：论折射率，红色光最小，紫色光最大；论温度，红色光最高，紫色光最低；论频率，红色光最小，紫色光最大；论化学作用，紫色光最强。其中所谓"精气"即光子，具有波粒二象性，能够表现出光波的折射、干涉、衍射等性质；"咈雷呐"即法国物理学家菲涅耳（Augustin Jean Fresnel，1788—1872），波动光学主要奠

---

① 《论光》（第五十五节），载《益闻录》1886 年第 622 期。

基者，其主要研究成就在光学的衍射和偏振方面。

光谱也可依频率与波长来划分，颜色不同，其频率与波长亦不同。《理工》有文阐述这一特性曰：

"吾人观此光带，由红而橙黄而黄而青而蓝而深蓝，光之调子（Pitch of light）逐渐增高，及其终也，而紫色生焉。……紫色之震动，其速度实二倍于红色。……第一光带中，其光波之波长，殆近于 1/47460 英寸。换言之，即以四万七千四百六十如此之光速，首尾相连，其长乃一英寸。第二光带中，其光波之波长较第一为稍短，殆近于 1/47920 英寸，即以四万七千九百二十，首尾相连，乃一英寸也。此第一光带每一秒钟，其震动之达于眼内者，殆及于 577×10^{12}，而第二之光带则 620×10^{12}。今试将此二条之光带，披射于屏风上，而细验之，……无论热至最高之热度，速度常不为之稍变，而其所现之颜色，亦未尝少有所异焉。"[1]

---

① 胡仁源：《光学》（续），载《理工》1908 年第 4 期。

如作者所述，由红色至紫色，其频率呈递增之势，其波长则呈递减之势。紫光频率二倍于红光，红光的波长最长，紫光的波长最短。此所谓"光之调子"即光的频率。《学海》有文也论及光的颜色与频率的关系，谓赤色、绿色和紫色光波的频率分别为 392 兆/秒、572 兆/秒和 757 兆/秒，"每秒间有波动在三百九十二兆以下之光，则眼不能感其光，只皮肤感觉其热；每秒间有波动在七百五十七兆以上之光，则眼网膜与皮肤皆不克感之。"[1]《万国公报》有文论及光谱与波长：

"所感之光浪在英度一寸中为三万七千六百四十以至三万九千一百八十，色必红；为四万一千六百又十，色必橘；为四万四千，色必黄；为四万七千四百六十，色必绿；为五万一千以至五万四千，色必蓝；为五万七千四百九十以至五万九千七百五十，色必紫。"[2]

此所谓光浪即光波。这里作者以具体数据揭示了七色光的波长。《政艺通报》有文论及光与人体组织的关系，略曰：光色"于人体组织皆与以一种之刺激，故赤色光线使人奋兴，黄色光线使人沉郁"，青色光线中则含有"麻醉力，能麻痹神经中枢，以失知觉。"[3]

① 西台：《色之感觉》，载《学海》（乙编）1908 年第 1 卷第 2 期。
② 高保真：《论光与声与色之理》，载《万国公报》1905 年第 197 期。
③ 《艺事通纪卷二：青色光线之麻醉力》，载《政艺通报》1906 年第 5 卷第 25 期。

　　值得一提的是，晚清期刊还论及光谱分析仪"克鲁克斯辐射针"（Crookes radiometer）。该仪器由英国化学家、物理学家克鲁克斯（Sir William Crookes，1832—1919）于1875年发明，可用于检测光和热辐射程度。《格致汇编》以"量光力器图说"为题，比较系统地阐述了克鲁克斯辐射针的发明缘起及其工作原理、种类和功用。其基本构造如图3-2-5，其中甲乙为玻璃管，丙为玻璃泡，内置"通草"条丁戊[①]。如玻璃泡内含有空气，常温下通草条"遇日光则其条少动，似为日光所引"；若玻璃泡内为真空，"再令日光通过，通草质之端则显出大推力。"克鲁克斯辐射针不仅能够测得各色"光力之数"，而且可以检测"物体面之色与其受光力"之关系。据其测定，光谱中"最大力之处在外红色之内，而最小力之处在外茄花色内"，见图3-2-6。如以"最大力之数"为100，则外红、深红、红、橘皮黄、黄、绿、蓝、靛蓝、茄花

---

　　① 通草（Tetrapanax papyriferus），别名寇脱、离南等，为五加科植物通脱木的茎髓。

色、外茄花色的"光力"数分别为 100、85、73、66、57、
41、22、7、5、6、5。

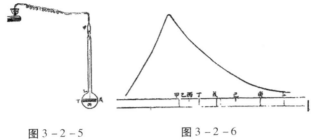

图 3 - 2 - 5　　　　　　　　图 3 - 2 - 6

因此，"日光、烛光等光不但亮，而有色之线有光力，即
暗而无色之线，虽人目不能见者，仍有光力。"此所谓"外红
色""外茄花色"即红外线和紫外线，"光力"即光的强度。
又据其检测，烛光下"黑色通草"所受光之推力为白色通草
所受推力之五倍半，"如将通草条一半作黑色，一半作白色，
则黑色之半所受大火光之推力较白色之一半亦为五倍半；又
如挂之令任意转动，则所转之角度必与其光力之大小有
比例。"

克鲁克斯辐射针也可制成"活枢"式，如图 3 - 2 - 7，
即在玻璃泡内设置转动器，用以检测"转动之迟速与光力之
大小"之关系。据其检测，光力愈强，转速愈快，反之亦然。
"昼间不在日直光处列之，则转一周之时为 1.7 秒至 2.3
秒，……午前十点钟，置于日光内，则 0.3 秒内转一周；午
后二点种，置于日光内，则 0.25 秒内转一周。""光行过各色
玻璃所得之转速"是："绿色玻璃转一周 40 秒，蓝色玻璃转
一周 38 秒，紫色玻璃转一周 28 秒，橘皮色玻璃转一周 21 秒，

黄色玻璃转一周21秒，淡红色波转一周20秒。"①

　　此文后收入《西学大成》，晚清学者徐维则评曰："书中论量光与光力之理，并言造器之法，精乎此，于测算之学又加一等功力矣。"②

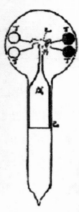

图 3 - 2 - 7

---

①　克罗克司：《量光力器图说》，傅兰雅译，载《格致汇编》1881 年第 7、8、9 卷。
②　徐维则：《增版东西学书录》卷三《光学第十七》。

第四章　望远镜

　　随着光学理论研究的发展，科学家们在光学应用领域陆续发明了一系列光学仪器。光学仪器是能够产生光波并显示图像，或接收光波并分析、确定其若干性质的一类仪器，大略可以分为两类：一类是成虚像的光学仪器，如望远镜、显微镜、放大镜等；一类是成实像的光学仪器，如幻灯机、照相机等。晚清期刊文献对这些光学仪器皆有不同程度的介绍，后文将依据这些文献逐次梳理有关望远镜、显微镜、照相机和幻灯机、电影机等方面的知识，以揭示其在晚清的传播程度。

一、晚清期刊所载望远镜篇目

　　望远镜是一种利用透镜光学原理制成的用以观测远物的光学仪器。早在明末望远镜已传入中国，汤若望著《远镜说》比较系统地介绍了伽利略望远镜的构造和制作原理、使用方法。至清代，望远镜更成为清宫重要藏品①，乾隆帝有《千里镜》诗赞其奇妙曰："巧制传西海，佳名锡上京。欲寮千里滕，先办寸心平。能以遥为近，曾无浊混清。一空初不照，万象自然呈。云际分山皱，天边数鸟征。商书精论政，曰视远惟明。"

晚清期刊对望远镜多有介绍，笔者对《晚清期刊全文数据库》进行检索，其题名中含有"望远镜""远镜""千里镜"和"天文镜""天文新镜"等词的文章总计 44 篇，参见表 4 - 1 - 1。

表 4 - 1 - 1　"望远镜"篇目题名

序号	题名	出处	著译者
1	时事六门：格物门：记望远镜	《南洋七日报》1902 年第 29 期	
2	世界谭片：最大望远镜	《大陆》（上海）1905 年第 2 卷第 2 期	
3	新知识：水底潜行艇之望远镜	《商业杂志》（绍兴）1910 年第 2 卷第 4 期	
4	新博物志：世界唯一之大望远镜	《真光报》1911 年第 10 卷第 1 期	
5	新博物志：电光望远镜之新发明	《真光报》1911 年第 10 卷第 6 期	
6	益智丛录：电光望远镜之新发明	《通问报》1911 年第 437 期	
7	各国近事：美国近事：测天远镜	《中西闻见录》1874 年第 22 期	丁韪良
8	侯氏远镜论（附图）	《中西闻见录》1874 年第 25 期	丁韪良

---

① 据统计，故宫博物院现藏有 150 余架清宫遗留下来的各式中外望速镜，参见毛宪民：《清宫望远镜管窥》，载《紫禁城》1997 年第 1 期。

序号	题名	出处	著译者
9	远镜新制	《益闻录》1880 年第 80 期	
10	远镜测天	《画图新报》1881 年第 2 卷第 1 期	
11	格致释器：第九部：远镜说	《格致汇编》1891 年第六卷冬	
12	东西文译篇：远镜窥天	《岭学报》1898 年第 9 期	
13	答问：第二百十五问：西洋窥天远镜……	《格致新报》1898 年第 15 期	钓隐
14	工事：窥敌远镜	《知新报》1899 年第 96 期	
15	艺事通纪卷二：人能出入之远镜	《政艺通报》1904 年第 3 卷第 15 期	
16	黑暗世界：诗歌类：窥远镜	《国民日日报汇编》1904 年第 4 期	剑豪
17	丛钞：人能出入之远镜	《商务报》（北京）1904 年第 25 期	
18	诗界搜罗集：测远镜	《鹭江报》1904 年第 70 期	惺庵
19	丛谈：远镜获利	《东方杂志》1905 年第 2 卷第 5 期	
20	智囊：显微远镜	《通学报》1906 年第 1 卷第 3 期	
21	艺事通纪卷二：无管远镜	《政艺通报》1906 年第 5 卷第 24 期	
22	丛录：显微远镜	《通问报》1906 年第 231 期	
23	丛录：记远镜	《通问报》1907 年第 256 期	
24	智丛：远镜新制	《万国公报》1907 年第 221 期	
25	智丛：无管远镜	《万国公报》1907 年第 216 期	
26	丛录：无管远镜	《通问报》1907 年第 238 期	
27	科学：无管远镜	《重庆商会公报》1908 年第 86 期	

序号	题名	出处	著译者
28	附编：无管远镜	《四川教育官报》1908 年第 1 期	
29	千里镜	《益闻录》1885 年第 494 期	
30	大千里镜	《益闻录》1891 年第 1057 期	
31	益智会：千里镜说	《中西教会报》1903 年第 8 卷第 94 期	高葆真
32	杂志：大千里镜	《画图新报》1907 年第 28 卷第 5 期	
33	格物杂说：大千里镜	《格致汇编》1876 年第 1 卷春	
34	大千里镜考	《益闻录》1894 年第 1376 期	
35	大法国事：造千里镜	《万国公报》1875 年第 324 期	
36	格物杂说：造大千里镜之难	《格致汇编》1876 年第 1 卷	
37	杂事近闻：千里镜酬谢	《教会新报》1873 年第 225 期	
38	千里镜源流考	《协和报》1910 年第 2 期	
39	益智丛录：世界惟一之大千里镜	《通问报》1911 年第 461 期	
40	文牍二：本署司袁批优附生曾运元禀呈千里镜医学课本由	《浙江教育官报》1911 年第? 期	
41	怡怡堂联吟集：北高峰照千里镜用李商隐无题韵昨夜星辰之作	《著作林》190? 第 13 期	
42	丛谈：天文新镜	《通问报》1908 年第 323 期	
43	答问：第八十问：现欲买一极好天文镜……	《格致新报》1898 年第 8 期	范曼伯
44	京外近事：天文新镜	《知新报》1897 年第 3 期	

这些文献刊载于《中西闻见录》《格致汇编》《益闻录》《万国公报》《格致新报》等 20 多种期刊上，主要阐述了望远镜的发展史、动态及其制作原理。

二、望远镜的发展史及动态

望远镜到底初创于何人，不可究诘。但一般认为，望远镜是由荷兰米德尔堡眼镜师汉斯·利伯希（Hans Lippershey，1570—1619）于 1608 年发明的。[①] 同年，荷兰另一位眼镜师雅可比·梅提斯（Jacob Metius，1571—1624/1631）也声称发明了望远镜。意大利物理学家伽利略闻讯后，细究其理，于1609 年制成折射望远镜，并用于观察星象。《时务报》有文述及这一史实，大略云：

考诸史迹，望远镜出自荷兰。"一六零八年，有若干氏请政府保护创造权利。最先请者为李伯锡氏（Lippershey）。彼时政府因不知果否属其创造，故未之允，盖是时萨哈里亚严森氏（Zacharias Jansen）、梅邱士氏（Metius）亦均自谓千里镜发明创始之人，以致无凭取信。而一六零九年已售于世，法之巴黎有之。前人多以为意大利天文家加里勒氏（Galilei）所创，然细审实非是，大约加氏闻人言千里镜形状，而摩拟为之。尔时售镜人大率转相仿效，而自谓己创，加氏殆亦不免耳。然一六零九年为千里镜发现之始，则确凿可凭，而思想创始于何时无从征考矣。总之，天文家最初以千里镜为用

---

① 按：望远镜由何人发明，学术界存有争论。有人认为，望远镜最先由荷兰眼镜制造师查卡里亚斯·詹森（Zacharias Jansen，1585—1632）在1590 年发明，但因无文字资料证明而受到质疑。学界一般认为利伯希是望远镜的发明者。1608 年 9 月 25 日，他在一封信中说他发明了一个能把物体的景象放大的仪器；10 月 2 日，他向政府提交了发明望远镜的专利申请，虽然未获批准，但他因为这个申请而被后人公认为望远镜的发明人。

者，则加氏也。"①

此让所谓"李伯锡"即利伯希，"梅邱士"即梅提斯，"加里勒"即伽利略。"萨哈里亚严森"，即查卡里亚斯·詹森，亦荷兰眼镜师，据说他也发明了望远镜。但学界一般将伽利略视为望远镜之"鼻祖"。②

利伯希像
Hans Lippershey

詹森像
Zacharias Janssen

图 4 - 2 - 1

图片来源：Wikipedia, the free encyclopedia

对于利伯希、伽利略制作望远镜的原委，《益闻录》也有文概述曰：

"考泰西远镜之始，约在西历一千六百年。时底地国有一孩，乃父开眼镜店。一日，孩取眼镜坯二枚，玩弄不释手，一为老光坯，一为近光坯。偶以老光坯置目上，近光坯稍远，注视教堂上铜鸡，孩讶曰：鸡来矣。盖见鸡像大且近也。父怪而试之，所见亦然。以二坯纳空管中，伸缩如意，邻人争观之，皆以为异。无何，遐迩风传，为天文士茄利雷所闻，当即躬自试验，不一昼夜而得远镜法。其始镜中窥物，大于

---

① 《千里镜源流考》，载《协和报》1910 年第 2 期。
② 《格来利阿小传》，载《格致新报》1898 年第 7 期。

物只四倍，其继六倍、七倍，又其继至三十倍。于是援镜观天，不久而见月上高山、日中染色处，木星四周随行小星。是为观星士之作俑者。"①

此文所谓"乃父"即利伯希。其制造望远镜的缘起是：一天，其子取老花镜片和近视镜片玩耍，偶将其叠置于目前，竟望见远处教堂上之铜鸡"大且近也"。由是利伯希将两块透镜装在圆筒内，制作出世界上第一台望远镜。伽利略闻讯，"躬自试验"，制造出高倍望远镜。此所谓"底地国"指荷兰，"茄利雷"即伽利略。

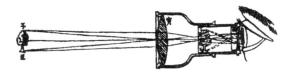

图 4 - 2 - 2

图 4 - 2 - 2 为伽利略所制望远镜，它由一个目镜（凹透镜）和一个物镜（凸透镜）构成折射式望远镜。"寅字处为双凸坯，即向物坯，丙字处为双凹坯，即近目坯，子丑处为欲窥之物。是物折光，过双凸坯，未成像前，遇双凹坯而散，人目就而视之，见物于丁乙处，近且大。是镜最宜于观剧，故名观剧镜。"② 此所谓"向物坯"即物镜，"近目坯"即目镜，前者可成缩小的实像，后者可成放大的虚像。据考证，伽利略"第一次所用之镜，长二尺七寸有半，径口一寸四分之三。寻自创一大镜，长五尺，径口二寸，放大力三十三倍。加氏之功，不在千里镜创始，而在改良其用法，因伊第一次

① 《论光》（第五十七节），载《益闻录》1887 年第 632 期。
② 《论光》（第五十七节），载《益闻录》1887 年第 632 期。

用之仰察天文者"①。

《格致汇编》有文也述及望远镜的发明缘起,大略曰:

"远镜之法,古人未知,故无其器。约西历一千五百四十
九年,始有人偶得其法。说者荷兰国有造眼镜家,其子嬉戏,
取镜二片,离远对视,忽见远处礼拜堂之塔觉似移近,奇之,
走以告父。父仿而观之,乃叹斯事之有益于人,非浅鲜矣。
因细究其理,取试各式之镜,以合用者置于长筒,窥之辄视
远若近,扬其法于外。时有天文家葛立里尤,居意大利之未
尼司地方,闻此奇异,从而细考其理法,以二玻璃磨制成镜,
镶于大筒之两端,对窥远物,即转而为近。观者成群结队而
来,莫不诧,为见所未见。嗣携此镜,登礼拜堂塔顶,窥视
周遭,无不历历在目,此远镜起兴之始也。"②

此文将望远镜的发明时间定于 1549 年,不知所本,但将
望远镜的发明与改进归之于荷兰眼镜师和伽利略,与史实相
符。其中所谓"造眼镜家"即利伯希,"葛立里尤"即伽利
略,"未尼司"即威尼斯。《中西教会报》对望远镜的发明原
委述之更详,略曰:

"明代万历年间,欧洲荷兰国某城,……有卖眼镜者,名
李百谢。其幼童二名,借父之玻璃凸镜二块,以为玩物。无心
之时,将此镜与彼镜相离尺余远,彼此二镜合对,以窥礼拜堂
高塔。……该童俄而呼父曰:我镜中堂塔近矣,不知镜外之远
也。其父急出,按该童持镜之法窥之,见塔果近。如是李君因

① 《千里镜源流考》,载《协和报》1910 年第 2 期。
② 《格致释器:第九部:远镜说》,载《格致汇编》1891 年第六卷冬。

成定法。此千里镜创始之由也。……此时意大利国有天文算学高士，名嘎利流……闻荷兰李君有观远镜，因自揣其法，用凹凸镜二块，置于伸屈之管，天文多端，由是而得。"①

此所谓"李百谢"即利伯希，"嘎利流"即伽利略。据该文所述，利伯希所制望远镜，"以木条镶二玻璃镜，继用二管，此管较彼管略小，则彼管可容此管在内，可屈而短，可伸而长。每管置一凸镜，欲窥近物，则略伸长；欲窥远物，则略屈短，谓为观远镜"。伽利略所制望远镜，"前二十年，承意大利政府暂借于英京博物院，陈于玻璃柜"，以供众览。该镜"以厚纸为管，两头以铜包之，长不过一尺"。虽无"华美可悦人目"，但伽利略借此"得证日面有点，见点动，则知日轮时转动；又证明月面之黑点，山谷也；又证水星有圆有缺，若月轮然；又觅得木星亦有数月轮围行，若地球有一月球轮围行然；又见中国所谓银河，即无数远星。"

伽利略像

图 4 - 2 - 3

图片来源：《千里镜源流考》，载《协和报》1910 年第 2 期。

---

① 高葆真：《益智会：千里镜说》，载《中西教会报》1903 年第 8 卷第 94 期。

伽利略之后，学者们不断致力于望远镜性能的改进，"创绝大千里镜者辈出"。晚清期刊主要介绍了如下几种高倍天文望远镜。

一是由英国天文学家赫歇尔（Friedrich Wilhelm Herschel，1738—1822）设计制作的大型望远镜。赫歇尔，生于德国汉诺威，后移居英国，"以精思作视学诸器，且治天文，遂著名当世"，所造望远镜多达五百多枚。① 1789 年，他研制出一台形似大炮的大型反射式望远镜，② 见图 4-2-4，其"面径四十九寸半，厚三寸半，重二千一百十八磅，镜筒以铁为之，径四尺有奇"③。其"视力率一百九十二，较目力所及远一百九十二倍"④。"远远看上去它像一尊指向天空的巨型大炮，人们干脆戏称它为'赫歇尔大炮'。这架'大炮'是赫歇尔一生制造的最大的望远镜，也是当时世界上最大的望远镜。"⑤ 它不仅体形庞大，而且在构造上"省去了牛顿式的平面副镜，提高了聚光效率。"利用这架望远镜，赫歇尔发现了土星的两颗卫星和天王星及其两颗卫星等现象。

① 伟烈亚力、王韬合译《西国天学源流》，载《六合丛谈》1858 年第 2 卷第 2 期。
② 高葆真：《益智会：千里镜说》，载《中西教会报》1903 年第 8 卷第 94 期。
③ 《格致释器：远镜说》，载《格致汇编》1891 年第六卷冬。
④ 伟烈亚力、王韬合译《西国天学源流》，载《六合丛谈》1858 年第 2 卷第 2 期。
⑤ 温学诗、吴心基：《观天巨眼：天文望远镜的 400 年》，商务印书馆 2008 年版，第 49 页。

图 4 - 2 - 4

图片来源：《侯氏远镜论》，载《中西闻见录》1874 年第 25 期。

《中西闻见录》有文比较详细地介绍了赫歇尔的生平事迹及其所制望远镜：

"侯失勒，本德国人，迁居英国，为乐师。素性好学，由乐而及数学，由数学而及于光学，由光学而及于天文。在诸学之中，尤于天文有深嗜，而苦不得远镜，以助测度；欲购之，又无力，乃自制小远镜，试之甚灵便。复造以售于人，后遂以此营生。间尝以天之经纬，挨次窥测，随于乾隆四十五年，土星外见大星，似有渐近之势，初疑之以为彗也，而寻其轨道，实为行星。侯公自测得此星，声名大振，各国学士无不钦仰，欲将以其名名星。侯不居，让以君名名之。众乃以天王星名之（天王盖古之神名）。英君闻其名，擢为天文师，优以厚禄。后更造大远镜，长四丈，筒以钢制，径四尺，系反照远镜。下端有巨凹镜一具，以接象光而反照。上端复有一小透镜一具，以接其影而大之，如显微镜然。观察之时，续三人同事，一人在上端下视而测之，一人在旁以书记，一人在下以运机。自侯公创此大远镜以测天，始知目所见之天不大，以镜窥天，天之大无有穷尽也。其镜之精妙，直能划天，分观而隔视，以目力接镜光，究其视极之所，不可以里数计，只可以光计之。……嗣此虽有造远镜，更大而甚精者，然在当时未见其匹，故在天文重兴之会，侯君功业实无出其右者。"①

此所谓"侯失勒"，即赫歇尔。这里不仅述及赫歇尔所制望远镜的形制及用法，而且提及他利用望远镜发现了天王星。此镜"露置无遮盖，久而雨日淋炙，架坏，道光三年其子遂毁之"②。

赫歇尔像

图 4 - 2 - 5

图片来源：《千里镜源流考》，载《协和报》1910 年第 2 期。

---

① 丁韪良：《侯氏远镜论》，载《中西闻见录》1874 年第 25 期。
② 伟烈亚力、王韬合译《西国天学源流》，载《六合丛谈》1858 年第 2 卷第 2 期。

二是由罗斯伯爵、爱尔兰天文学家威廉·帕森斯（William Parsons，1800—1867）于 1845 年设计制成的口径达 72 英寸的被称为"帕森斯顿的列维坦"（Leviathan of Parsonstown）的大型望远镜。"自创始至告成，皆独立任之。既成，天学家受益不少，故群称之且感之。其回光镜径六尺，……其筒长五丈，架于二墙之间。器虽大，然人可以一手任意转之，有此镜而视天更明焉。"①

罗斯伯爵像

William Parsons, 3rd Earl of Rosse

图 4 - 2 - 6

图片来源：Wikipedia, the free encyclopedia

《中西闻见录》述其形制曰："其凹径之径六尺，成影之处去镜五十四尺，筒径七尺，长五十六尺，重十四吨。"②

---

① 伟烈亚力、王韬合译《西国天学源流》，载《六合丛谈》1858 年第 2 卷第 2 期。
② 朱格仁：《同文馆壬申岁试英文格物第一名试卷：测天远镜二式，其理若何?》，载《中西闻见录》1873 年第 7 期。

《格致释器》曰：该镜"有二回光物镜，径各六尺，光距五十二尺，镜筒以木为之，长五十尺，内径六尺已，亦可谓回光远镜之最大者矣"①。《益闻录》曰："西人罗斯藏一大镜，径长一美忒八十分，核得中尺五尺五寸。"②《中西教会报》曰："公爵罗斯于一千八百二十八年造观远镜，其筒长五十六尺，宽七尺，置于两石墙相抗，每墙高五十六尺，长七十二尺，修巨筒及镜之费英金一万二千，修两墙等费英金八千圆。"③《政艺通报》曰："英国博士罗君，制得千里镜一架，计值英金三万磅，重四吨，管长五十尺，镜口中径八尺，人能出入其中，挥臂游行，毫无阻碍。其镜力较目力大十三万倍。"④

以上资料从不同角度介绍了罗斯望远镜的建造情况，其中《中西教会报》谓罗斯望远镜造于 1828 年，有误，应为 1845 年。关于罗斯望远镜之建造费，《中西教会报》谓为 1.2 万英镑，《政艺通报》谓为 3 万英镑，按史实前者为是。此镜的建造历时 3 年，耗费甚巨，安置于罗斯伯爵的爱尔兰领地上。在此后的在半个多世纪里，"没有比帕森斯顿的列维坦更大的望远镜了"。其外形见图 4 - 2 - 7。

---

① 《格致释器：远镜说》，载《格致汇编》1891 年第六卷冬。
② 《大千里镜考》，载《益闻录》1894 年第 1376 期。
③ 高葆真：《益智会：千里镜说》，载《中西教会报》1903 年第 8 卷第 94 期。
④ 《人能出入之远镜》，载《政艺通报》1904 年第 3 卷第 15 期。

Victorian picture of the "Leviathan of Parsonstown"

图 4 – 2 – 7

图片来源：Wikipedia, the free encyclopedia

三是美国光学家克拉克制作的美国海军天文台望远镜。1874 年，《中西闻见录》登载其建置情况：

"美国京都钦天监新置测天远镜一具，精致异常，价值四万四千元，其钢筒长三十四尺，径二十六寸，虽重有四五吨，人以手按之，自能动转。若无人拨动，亦能自传，一日一周。其器倚于旋架，便于四方观察。如在辰刻以镜测某星，停至酉刻再测其星，镜仍相对，盖其机能随天旋转故也。……美国旧有远镜数具，径不过十五寸至十八寸，今此镜径二十六寸，可称远镜之极大者。闻制镜之人云，曾以小远镜视对数表之字于十里外，了如指掌，则此镜之视远如何可知矣。"①

此所谓"美国京都钦天监"当指美国海军天文台（United States Naval Observatory）。1873 年，光学家阿尔万·克拉克（Alvan Clark，1804—1887）为其设计建造了一架镜体长达 13

---

① 丁韪良：《美国近事：测天远镜》，载《中西闻见录》1874 年第 22 期。

米、主镜重达45公斤、口径66厘米（26英寸）的巨型折射式望远镜。1877年，美国天文学家霍尔（Asaph Hall，1829—1907）利用其发现了两颗火星卫星，即"福波斯""德莫斯"。《益闻录》述及其事曰："一千八百七十七年，火星过美洲时，某学士观窥此镜，得见火星之旁有小星若干像，为从来所未见，至今传为异事。"①

克拉克像　　　　霍尔像

Alvan Clark　　**Asaph Hall**

图4-2-8

图片来源：Wikipedia, the free encyclopedia

四是俄国圣彼得堡普尔科沃天文台（Pulkovo Observatory）的折射式望远镜。该天文台开办于1839年，1885年，添置一架由克拉克制作的口径达76厘米的折射式望远镜，这是"十九世纪中天文台之镜最大者"②，见图4-2-9。同年，《益闻录》介绍当时世界大望远镜发展情形时曰：

"各国大千里镜当以三架为巨擘。一在美京华伦顿天文台上，于十二年前制成，费去佛郎二十六万圆。……一在布高

---

① 《千里镜》，载《益闻录》1885年第494期。
② 《千里镜源流考》，载《协和报》1910年第2期。

袜城天文台上，费佛郎六万二千圆。一在英国某绅宦家，重两万余觔，费佛郎一百三十万圆，亦云夥矣。"[1]

此所谓"华伦敦天文台"望远镜和"英国某绅宦家"望远镜即前述之美国海军天文台望远镜、罗斯望远镜；而"布高袜城天文台"上的望远镜，即普尔科沃天文台望远镜，据其所言，该镜造价达 130 万法郎。《格致释器》亦述及此镜："近来复有造最大之折光镜，如俄京近处造天文远镜，物镜径略十五寸，光距二十二尺半。"[2]

图 4 - 2 - 9

图片来源：Wikipedia：Pulkovo Observatory

五是美国利克天文台（Lick Observatory）的折射望远镜。利克天文台位于加利福尼亚汉密尔顿山顶上，建造于 1876 年至 1887 年间，因借美国富豪利克（James Lick，1796—1876）的遗产而建，故名。它是世界上首个建于山顶的永久性天文

---

① 《千里镜》，载《益闻录》1885 年第 494 期。
② 《格致释器：远镜说》，载《格致汇编》1891 年第六卷冬。

台址，台上安置口径91厘米（36英寸）的利克望远镜。该镜由克拉克父子制作，"物镜径三十六寸，光距五十六尺，重五百三十磅，镜筒长五十七尺，中径四尺，两端径三尺有余。以最坚铜板为之，其大力目镜能放大三千三百六十倍径，即略一千一百三十万倍面积。用以窥月，宛似离地仅二百英里之遥"①。它是当时世界上最大的折射望远镜。

利克像

James Lick

图4-2-10

图片来源：Wikipedia, the free encyclopedia

1876年，《格致汇编》登载了美国加州大学拟建利克天文台及大望远镜的消息：

"美国旧金山地方大书院，有富家报明欲捐银洋七十五万元，以造极大之千里镜及造测望星象之台，定于阿米顿山上，筑此望台。其所欲造之千里镜为天下之最大者也。而筑台之阿米顿山上，周年雨少，云雾不兴，最宜于天文家测量之事，故可造台于其山也。其千里镜等器，计价洋三十万元，其余四十

———————————

① 《格致释器：远镜说》，载《格致汇编》1891年第六卷冬。

万元为造房屋，派人看守并教习大千里镜之法等用。俟此镜造成，则天文可增许多新事，必为小千里镜所不能窥测者也。"①

此所谓"旧金山地方大书院"指加州大学圣克鲁兹分校；"富家"即利克，拟捐 75 万美元兴建天文台及望远镜；"阿米顿山"即汉密尔顿山。

1890 年，《格致汇编》又登载了利克望远镜造成后的消息：

"泰西各国最大之天文镜，莫过于美国旧金山相近处散约岁地方哈末顿山之天文台上者，乃前年新告成。其物镜径三十六寸，光距五十六尺，重五百三十磅。此种大镜，为天下之巨擘，造成甚难。……镜管之长，计五十七尺，当中内径四尺，而二端三尺有余。……其大力目镜能放大三千三百六十倍径，如窥月轮，则似离地仅二百英里之遥，凡人目所能见极小之星，此镜能窥及小于三万倍者，即极微之星气星云，此镜亦能分之为无数小星。……总理此天文台者，为美国人名贺旦。……此大远镜于西一千八百八十年正月初三日造成，初用以窥土星，最为清晰，所见之新事，多前人所未知者。从此以来，造台观天甚众，沓往纷来，日夜不息，事为义举，来不取费，台为公地，观不厌多，即其大远镜不能用，则余各天文镜亦可任用。故好者络绎于途也。考此大天文镜之根源，有美国善士名黎者，富于资财，将终时，遗产值美洋三百万圆，全作各种义举，大半用于公书院，或义学堂，或养老院，或造名人遗像等事。内有一事，为特著者，乃拨洋七十万圆，欲造天下最大之天文镜，并其相配之各件，及合用

---

① 《格物杂说：大千里镜》，载《格致汇编》1876 年第 1 卷春。

之天文台等；又买地皮一段，以为造台之基，其全意欲兴格致学而有益于众。造成之台，足为万人钦仰。……各西国所有天文台，较之黎君所设者，盖远逊也。"①

此文谓利克望远镜建成于1880年，有误，应为1888年。文内所谓"散约岁"即圣荷西（San Jose），"哈末顿山"即汉密尔顿山，利克天文台位于加州圣荷西东部的汉密尔顿山的山顶上。"善士名黎者"即利克。"贺旦"即利克天文台的首任台长爱德华·霍顿。"此天文镜立于大生铁方柱，其重二十余吨，柱上有台，便于窥者周围行走所设，使覆仰对天，任方向之，法极灵活，一人之力，足以动之。另有法令镜随星动，故已窥对一星，则可连观至数分时，或数刻时，不必推动其镜。有有法，能配镜对天，任何方位。"图4-2-11、4-2-12分别为利克天文台和利克望远镜。

图4-2-11　　　　图4-2-12

图片来源：《美国极大天文镜图说》，载《格致汇编》1890年第1卷春。

《中西教会报》亦曾刊载利克望远镜的消息："美国喀利佛捏省有利革天文馆，筑于山上。其山高四千二百尺，山上

① 《美国极大天文镜图说》，载《格致汇编》1890年第1卷春。

之气较平地之气甚清，其中观远镜长五十七尺，重四十吨。修镜之费合华龙银四十万圆。虽较赫社勒之镜长不过多一尺，而其精美之用，较多二倍。"① 此所谓"喀利佛捏省"即加利福尼亚州，"利革天文馆"即利克天文台，"赫社勒"即赫歇尔。1892 年，美国天文学家巴纳德（Edward Emerson Barnard，1857—1923）利用此镜发现了"木卫五"（Amalthea）。

此外，1891 年，《益闻录》登载如下一条信息：

"美之旧金山中久有一天文台，近制一大千里镜一枚，所用玻璃从法国购归，计周围十尺，对径三尺四寸，中心厚二寸半，现已琢成，待装镜可用，其价约六万至七万洋元。"②

此所谓旧金山天文台当系利克天文台，但利克望远镜于1888 年已经造成，这里提及的这架望远镜或另有所指，姑存此待考。

六是德国柏林特雷普托天文台（Treptow Observatory）的望远镜。特雷普托天文台兴建于 1896 年，因其倡建者为德国天文学家阿恒霍德（Friedrich Simon Archenhold，1861—1939），故又称"阿恒霍德天文台"（Archenhold Observatory）。其外形犹如巨炮，故也被称为"天体的大炮"（Celestial Cannon）。爱因斯坦曾在此向公众讲解相对论知识。该天文台装有一架世界最长的折射望远镜，镜面口径 68 厘米，焦长 21米，超过利克望远镜。1911 年，《通问报》登载其所置望远镜信息曰：

---

① 高葆真：《益智会：千里镜说》，载《中西教会报》1903 年第 8 第 94 期。
② 《大千里镜》，载《益闻录》1891 年第 1057 期。

"最近德国柏林附近之倔东巴都天文台,新置一绝大望远镜,其全体之长宽有六十八英尺,灵视(即晶面)之直径亦有七十英寸,真一世界无二之大千里镜也。彼有名之美国(孟德哈米登)望远镜,长不过五十七尺,直径不过三十六英寸,以此比之,其大可知矣。"①

此所谓"倔东巴都天文台",即特雷普托天文台;"孟德哈米登"即汉密尔顿,上有利克望远镜。图 4-2-13、4-2-14分别为特雷普托天文台和阿恒霍德像。

Archenhold Observatory

Friedrich Simon Archenhold

图 4-2-13　　　　　图 4-2-14

图片来源:Wikipedia,the free encyclopedia

七是美国叶凯士天文台(Yerkes Observatory)的折射式望远镜。该天文台是在美国富商叶凯士(Charles Tyson Yerkes,1837—1905)的捐助下,由美国天文学家海耳(George Ellery Hale,1868—1938)于 1897 年创立的。它位于美国威斯康星州威廉斯湾(Williams Bay)的芝加哥大学,内置由光学家克拉克制作的口径达 40 英寸的大型望远镜,较利克望远镜"尤巨尤美,长六十四尺,重七十五吨"②。1898 年,《格

---

① 《世界唯一之大千里镜》,载《通问报》1911 年第 461 期。
② 高葆真:《益智会:千里镜说》,载《中西教会报》1903 年第 8 第 94 期。

致新报》登载其创建消息："美国筑有天文台，其千里镜围有四十寸，乃天下至大之千里镜，其次镜亦略仿佛，皆系人所赠者。从此美国天文之事，当更上一层矣。"① 同年，《岭学报》报道了叶凯士天文台及其望远镜的建设情况：

"支加哥邻近之地，有威林士卑者，新设尔吉士观星台一所，台上置千里镜。此镜之大，天下所未有也。千里镜内之钻光射，大亦四十寸，比数月来观，星台业已兴工。闻此镜之佳，比旧金山历观星台者尤胜。今观星台之千里镜，重有七十六墩，且能旋动。镜之筒及乘镜之柱与镜之下坠者，共有二十墩。镜筒中腰之直径有一美得零三十二，长约有二十美得，镜之轴及镜之筒均用钢制造，乘镜之两柱以生铁为之，镜之玻，美无以尚。有一天文生名巴辣者，向在旧金山历观星台窥测天象，迩来到尔吉士观星台，试验此镜，偶见众星中多有为天文家所未识者，皆此镜视远为明之力所致也。"②

---

① 《时事新闻：万国时事纪略》，载《格致新报》1898 年第 1 期。
② 《远镜窥天》，载《岭学报》1898 年第 9 期。

　　叶凯士天文台被誉为"现代天体物理学的诞生地",其外观见图 4 - 2 - 15。此文不仅介绍了叶凯士望远镜大小、重量、构造、性能;而且提到天文学家巴纳德(Edward Emerson Barnard,1857—1923)。他曾利用叶凯士望远镜发现银河的一些黑暗区域是由气体和尘埃遮挡了背景的星光所致。此所谓"支加哥"即芝加哥,"威林士卑"即威廉斯湾,"尔吉士观星台"即叶凯士天文台,"巴辣"即巴纳德。

图 4 - 2 - 15

图片来源:Wikipedia, the free encyclopedia

　　1902 年,《南洋七日报》也报道了叶凯士天文台所置望远镜:

　　"美国有卡俄府大学堂,新置一大望远镜,盖美人雅古氏所创造。据教习波扔哈木氏云,此镜实全球无比之宝,所装透镜,制法极精巧,用此观测天文,则一带银河,星宿可数,一抹云霞,水粒可辨。古来辽远深阻,难于测知者,今可一目了然。其裨益于格致也大矣。"[1]

――――――――――

[1]　《时事六门:格物门:记望远镜》,载《南洋七日报》1902 年第 29 期。

此所谓"卡俄府大学堂"，即芝加哥大学。"雅古氏"即叶凯士。1905 年，《大陆》有文介绍叶凯士望远镜曰："美国西卞格有一天文台，名曰芽克斯天文台。该处新设之望远镜实系现今世界中最大者。如用斯镜望天体，在天气晴朗、绝无荫翳之日，则显有三千七百五十倍之大云。"① 此所谓"西卞格"即芝加哥，"芽克斯天文台"即叶凯士天文台。

图 4 - 2 - 16

图片来源：Wikipedia, the free encyclopedia

八是美国加利福尼亚威尔逊山天文台的胡克望远镜。该镜是在美国富商胡克（John Daggett Hooker, 1838—1911）的赞助下，由光学家海耳制作的。制作工作始于 1907 年，至 1917 年方得告竣。这是一架口径达 100 英寸的大型反射式望远镜，如图 4 - 2 - 17 所示。1907 年，《万国公报》报道了其筹建消息：

"美国向称最大之千里镜为利克天文台所用者，其凸镜之直径为三十英寸，可谓大矣。追后又有袁尔克氏所创之远镜，

① 《世界谭片：最大望远镜》，《大陆》（上海），载 1905 年第 3 卷第 2 期。

其直径为四十英寸，今用于旧金山之天文台，实为天下无双之大远镜。近更有人集成巨款，拟造一更大之远镜。其镜面需要对径一百英寸，其聚光管制长需有五十英尺，造成之后将置于旧金山高尼基书院中之天文台上，以供测远之用。……此镜之关系至重，将来成功之后必能于天文学界大放异彩，实为辅助世界进化之利器也。"①

这里既提及业已建成的利克望远镜、叶凯士望远镜，又述及"拟造"的胡克望远镜。"袁尔克氏"即叶凯士，"旧金山高尼基书院"即加州大学洛杉矶分校，威尔逊山天文台即坐落于该校内。

同年，《图画新报》也报道这则信息云："美国罗斯爱极利司省，有某富翁购一极大之千里镜，其直径有一百寸，长五十寸。世之大千里镜，其直径大约以六十寸为度，然其镜架兴筑之费数已不赀，此更大至一百寸，将来建筑置镜之架，其繁费可知矣。"② 其中所谓"罗斯爱极利司"，即洛杉矶（Los Angeles）；"富翁"即胡克。美国天文学家哈勃（Edwin Powell Hubble，1889—1953）曾借胡克望远镜取得宇宙膨胀的证据，提出所谓"哈勃定律"。

---

① 《智丛：远镜新制》，载《万国公报》1907年第221期。
② 《杂志：大千里镜》，载《图画新报》1907年第28期。

图 4 - 2 - 17

图片来源：Wikipedia：Hooker Telescope

　　除了上述天文望远镜外，晚清期刊还述及其他一些高倍望远镜。如《协和报》在阐述望远镜发展史时，提到 17 世纪时制造的几种望远镜：一是由意大利眼镜制造商、天文学家康帕尼（Giuseppe Campani，1635—1715）制造的"长五十八迈当，放大力一百五十倍"的望远镜；二是由法国天文学家奥祖（Adrien Auzou，1622—1691）制造的"长一百迈当，加大力六百倍"的望远镜；三是由法国天文学家卡西尼（Giovanni Domenico Cassini，1625—1712）制造的"放大力一百五十倍"的望远镜。[1]《万国公报》道及法国巴黎新造大望远镜的信息：

　　"法国京城天文馆中有一人名福哥，于一千八百六十五年制造一大千里镜；而福哥制作将半，忽然去世，再逢一千八

---

　　① 《千里镜源流考》，载《协和报》1910 年第 2 期。

百七十一年有布法战事，所以停工。今又有天文馆内一人名武勒夫，兹又开工接造前所未成之镜子。倘此镜造成，未知能窥几何远近，但前有两镜至大至远者业已造成，存于英京。两镜中之最大者计长四十尺，对径五尺。现今法京所造者长四十九尺，对径六尺五寸，较英国之最大者犹加其大也。"①

此所谓"福哥"，即法国物理学家傅科（Jean Bernard Léon Foucault，1819—1868），其在光学领域的重要贡献是发明利用玻璃镀银技术，为马赛天文台制作口径达 $31^1/_2$ 英寸的反射望远镜。"武勒夫"，即法国天文学家沃尔夫（Charles Joseph Étienne Wolf，1827—1918）。此条信息反映了傅科、沃尔夫为巴黎天文馆建造"对径六尺五寸"望远镜之事。

《益闻录》载有当时奥、法、英等国天文台和私家藏有的几种大望远镜，其中"奥国美步尔呐天文台上置有一具，径长一美忒二十分，约中尺上四尺六寸余。法之巴黎京观星台亦有一具，与奥镜同。英京某学士有二具，大者径约中尺二尺七寸，小者径二尺六寸。法国马失戈埠与多露士城观星台，各有一具，径二尺六寸。以上皆平镜也。又有折光之镜，奥京观星台上有一具，径二尺余；……西人名奈物尔者有一具，径亦二尺云。"② 此所谓"美步尔呐天文台"，即维也纳天文台；"马失戈"即马赛，"多露士"即土伦。至于"奈物尔"所指何人，待考。

以上所述皆系天文望远镜。此外，晚清期刊还报道了有

---

① 《大法国事：造千里镜》，载《万国公报》1875 年第 324 期。
② 《大千里镜考》，载《益闻录》1894 年第 1376 期。

关军用、日用望远镜的信息。如：1899 年，《知新报》报道了美国科学家发明的军用望远镜：

　　"西七月十八号香港士篾报云，美国鳖士卜六月十五号消息言：有大学师花仙甸者，委士檀大书院之掌教也，现制就远镜一式，以便临阵之用。盖现时各国共享无烟火药，敌炮既发，不知炮在何方，有此镜则炮烟虽微，亦可远见，战部衙门行将在华盛顿试验其利用与否。"①

　　此所谓"士篾报"，即《士篾西报》（Hong Kong Telegraph），由美国人斯密斯（Robert Frazer Smith）创办于香港。"委士檀大书院"，即威斯康星大学。

　　1906 年，《通问报》报道了英人发明的"无管远镜"："初时远镜，皆用长管，近日有发明无管者，乃英国非洲总督排盾保卫所创。用一凸镜，径二寸半，聚光点距镜长六尺，则可置于一杆之端，而随意窥之，所见之物约可较寻常加四倍，惟用于天文则嫌不足矣。"②《政艺通报》《万国公报》《重庆商会公

①　《工事：窥敌远镜》，载《知新报》1899 年第 96 期。
②　《丛录：无管远镜》，载《通问报》1907 年第 238 期。

报》《四川教育官报》等报也先后登载了这一消息。[①] 1911 年，《真光报》报道了俄人发明的一种"电光望远镜"：

> "俄京工业大学教习罗盛君，近因费十五年研究工夫，造成一种用电之测远镜，名曰电眼。此一对电眼，如设于一处，则远处各物，皆可瞭见。倘工厂司事，设电眼于办公室，则可以见各工人之勤惰。如设眼于住室，与戏院相通，则可见戏院之所演。如遇两国开战，设此电眼，则两军如在目前云。是则科学界之佳话也！"[②]

毋庸赘言，这种"电光望远镜"类似于今天安设于街道、场馆等处的"监控摄像头"。

三、望远镜的光学原理

作为一种利用光学原理制成的观测远物仪器，望远镜的最基本组件为物镜和目镜。顾名思义，物镜就是由若干透镜组成的接近景物之镜，而目镜即是由若干透镜组成的靠近人目之镜。

望远镜的基本成像原理是，物镜把来自远处景物的光线，在它的后面汇聚成倒立的缩小了的实像，然后经目镜将其显现为正立的放大了的虚像。《益闻录》有文述望远镜成像过程曰：

---

① 《无管远镜》，载《政艺通报》1906 年第 5 卷第 24 期；《智丛：无管远镜》，载《万国公报》1907 年第 216 期；《科学：无管远镜》，载《重庆商会公报》1908 年第 86 期；《无管远镜》，载《四川教育官报》1908 年第 1 期。

② 《电光望远镜之新发明》，载《真光报》1911 年第 10 卷第 6 期。

"望远、视微各镜，除窥星镜外，其效概在二坯：一曰向物坯，一曰近目坯。向物坯受外物折射之光，聚于首芒汇，成一小像。近目坯将此像扩大而传之于目。惟向物与近目，间或迭置数坯，以大其力，亦以阻像边杂形。"①

此所谓"向物坯"即物镜，"近目坯"即目镜。《格致汇编》所载《远镜说》也比较清晰地阐述了物镜和目镜的成像原理：

"凡远镜最简者，必有二镜：一物镜，即能收所看物象，此象必由远观其镜，始得清晰，因有不便，故另加一镜，谓之目镜，即人目可于较近之处看清物镜之象。此镜二面凹直，置于合宜之距，即为最简之远镜。其理如第一图：寅为物镜，卯为目镜，乙甲为远物，遇物镜成甲'乙'象。此象再经目镜放大，即见远物所现之影，大如甲'乙'，然甲'乙'实小于乙甲。因其距目较远物更近，而视角之大小迥异，故见远物似乎放大而觉近也。目镜所看之象为物镜象之倒影，此影能看之大，常与镜之凸面有比例。假如物镜成像距物镜六寸，目离物镜六寸观之，则见象与本物同大而毫无益处。如加目镜，能令目离象不过一寸，即看清晰，则必比看本物大三十六倍，即四面各放大六倍也。故如本物相距六里，以此二镜窥之，俨与相距一里者同。成像愈离本物，其镜光距愈大；又目镜愈能令目与象相近，则物影愈能放大，即远镜放大之力愈大。如将此二镜镶于一筒两端，即为最简之天文镜。

---

① 《论光》（第五十七节），载《益闻录》1887 年第 626 期。

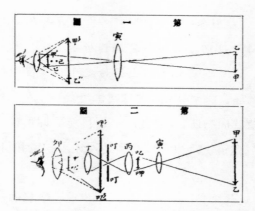

上言之远镜窥看远物，俱成倒影，用观日月天象固属无妨，惟陆地看物，成影倒置，殊有未便，故必另加数镜成第二象，即为正影。由目镜窥之，其影亦正，如第二图。寅为物镜，卯为目镜，二镜之间另加丙丁二镜，光距相等，远物甲乙成像于叱呷，为倒影。此影过叮隔帘，交展而过丁镜，成呷'叱'正影，为卯镜放大，目视其形，大如呷'叱'，亦为正影。"①

在阐明望远镜成像原理的同时，《远镜说》还介绍了计算望远镜放大倍率的基本方法，即"欲求放大之力，则以目镜光距约其物镜光距，约得者为镜能增放之倍数。"也就是说，望远镜放大倍率等于物镜焦距除以目镜焦距。

根据光学原理，望远镜大体可分为折射式与反射式。前者以凸透镜为物镜，如伽利略望远镜和开普勒望远镜；后者以凹面反射镜为物镜，如牛顿望远镜和格雷戈里望远镜。图4-3-1为折射望远镜。《中西闻见录》有二文论及这两类望

---

① 《格致释器：远镜说》，载《格致汇编》1891年第6卷冬。

远镜的不同：一谓："测天远镜有二式：一曰回光镜，一曰折
光镜。折光镜中有一目镜，有一象镜。凡测一物，象镜仅能
生其倒象，而目镜则又能大其象而显之焉。回光镜之制不一，
格利高利所制者，内有回光凹镜，……又有透光凸目
镜。……他如奈端所制者，则以目镜置于筒之旁边，又有不
用小镜者，要皆大同小异。"① 一谓："远镜有二式：一曰折
光，一曰反光。其反光者，以凹鉴借光送于目中，故人背天
而视。其折光者，略如千里眼而大，向天直视，光透入镜中，
被折而聚。反光镜虽极大易作，以凹面不难制也。折光镜大
则甚难，……以故折光远镜大者甚少。"②

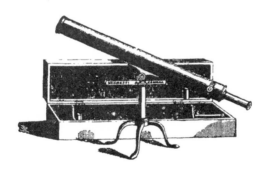

图 4 - 3 - 1

图片来源：《格致释器：远镜说》，载《格致汇编》1891 年第 6 卷冬。

　　折射式望远镜的优点是焦距长，缺点是有色差。因此，
自伽利略推出折射望远镜后，有人陆续制成各式能够消除色
差的反射式望远镜。1663 年，苏格兰天文学家詹姆斯·格雷

---

　　① 朱格仁：《同文馆壬申岁试英文格物第一名试卷：测天远镜二式，其理若何?》，载
《中西闻见录》1873 年第 7 期。
　　② 丁韪良：《美国近事：测天远镜》，载《中西闻见录》1874 年第 22 期。

戈里（James Gregory，1638—1675）率先提出反射式望远镜制作方案，但因制造技术限制而未获成功。[1] 1668 年，牛顿按照这一方案，推出第一台反射式望远镜，史称"牛顿式反射望远镜"。1672 年，法国人卡塞格林（Laurent Cassegrain，1629 – 1693）又设计出一种新的反射式望远镜，此即现今通用的"卡塞格林式"反射望远镜[2]。1776 年，赫歇尔制成大型反射望远镜，用于巡天观测。《格致汇编》述及如上史实，略曰：

　　反射式望远镜，其"法原创自格来格伦，于西一千六百六十三年著书论说，惟法虽设而远镜未行。嗣格致家奈端推广其制，始觉利用，故又谓之奈端远镜。……格来格伦回光远镜与奈端者相似。……又有恰惜格伦者，亦设法造回光远镜，与格氏者相似。……天文家侯失勒复设一法，造回光远镜"，比"前者更灵便"。[3]

　　此所谓"格来格伦""奈端""恰惜格伦""侯失勒"分别为格雷戈里、牛顿、卡塞格林和赫歇尔。如该文所述，格雷戈里率先提出制作反射望远镜的思路，牛顿据此制成首台反射式望远镜[4]。此镜比采用透镜将物体放大的倍数要高数

---

① 格雷戈里提出的方案是：备主镜、副镜各一，皆为凹面镜。将副镜置于主镜的焦点之外，并在主镜的中央留有小孔，使光线经主镜和副镜两次反射后，从小孔中射出，到达目镜。这一设计意欲同时消除球差和色差，这就需要一个抛物面的主镜和一个椭球面的副镜，这在理论上是正确的，但因当时的制造水平却无法达到这种要求。
② 卡塞格林设计的反射式望远镜的结构与格雷戈里望远镜相似，不同的是副镜提前到主镜焦点之前，并为凸面镜，这就是现在最常用的卡塞格林式反射望远镜。
③ 《格致释器：第九部：远镜说》，载《格致汇编》1891年第六卷冬。
④ 1668 年，牛顿制造了第一架反射望远镜，将折射光线的凸透镜变成了反射光线的凹面镜，主镜尺寸更容易增大，而且能用更多支撑点承受自身重量，可以将天体放大 35 倍。由是反射望远镜很快成了大型天文台的首选和主流。

倍，其制法是：在"大筒内端置大回光镜，径与筒内径等，
远物所来光线进筒口，遇大回光镜，回其光线，聚于筒口近
处，成一聚点，于此处作一小孔，并斜置小回光镜，人目由
小孔觇斜置小回光镜，可免人首当筒口而遮光之弊。此种远
镜，放大之力等于回光物镜与回光目镜二光距相约之数。"格
雷戈里望远镜之制作略同于牛顿望远镜，"惟其小回光镜不斜
侧而直置正对大回光镜之心，大回光镜心作圆孔，令小回光
镜回光过此孔，遇折光目镜收其影入人目，与折光远镜同。"
卡塞格林望远镜系由两块反射镜组成的一种反射望远镜，其
造法与"格雷戈里式"相似，"惟小回光镜以凸代凹，故其筒
可更短，惟其目镜显倒影，不甚便用。"赫歇尔望远镜，只用
"一大回光镜，斜置筒底，令光线回行至筒口之边，于此处置
折光目镜。窥之，人首即光不遮筒之光，惟其回光镜斜置，
成影不免稍歪。"

遮镜上之月体摄影

图 4 - 3 - 2

图片来源：杜就田：《月光摄影》，载《东方杂志》1911 年第 8 卷
第 9 期。

图 4 - 3 - 3

　　望远镜的发明为人类远距离观察世界创造了条件，图
4 - 3 - 2为天文望远镜所摄月球照片；图 4 - 3 - 3为天津《人
镜画报》所刊张之洞出于安防需要而在瞭望台上安置的望远
镜画面。时人对望远镜多有赞赏，如《益闻录》有文曰：千
里镜"上窥浑圆之天，下观山川人物，远近之奇，几疑缩地
而来，供目中快睹而毫发无憾，令人不可思议!"①《协和报》
有文曰："千里镜，超地球，罗天空，开往古秘密不启之钥，
以昭示人群，将天空中无量星球之形状与其经行之轨道，一
一摄近于人前，为研究万类进化之资料，由凿空而征实，凭
理论以呈功，实世界最奇之思，最伟之业矣!"②《著作林》
载"赞望远镜"诗两阕曰：

其一

展望远镜胜乘风，览遍西湖又浙东。

---

① 《大千里镜考》，载《益闻录》1894 年第 1376 期。
② 《千里镜源流考》，载《协和报》1910 年第 2 期。

探海错疑千里近，计程但觉四方通。

高峰叠翠鸟逾白，远树青遮花更红。

试问苍苍洋面照，轮舟来去似飞蓬。

其二

测镜初开内地风，登高照彻浙西东。

敢夸游目穷千里，胜觅奇书读九通。

苕水分来穿树绿，赭山送到隔江红。

遥瞻亲舍如峰下，忍使行踪类转蓬。①

---

① 昨夜星辰：《北高峰照千里镜——用李商隐无题韵》，载《著作林》190? 年第 13 期。

第五章 显微镜

显微镜是利用光学成像原理制成的观察细微物质的仪器。《益闻录》曰:"镜名显微,因渺小不可睹之物,由镜视之,色相图形,明如观火。"[1]《格致初桄》曰:显微镜,西名为 Microscope,"从希腊语而来,即以照小物之谓也。……其显物也,有大至什倍者,有大至百倍者,有大至千倍者。……有好为大言者,谓其显物之微,可以放至万倍。"[2]兹据晚清期刊文献,梳理所载有关知识。

一、晚清期刊所载显微镜篇目

一般认为,光学显微镜是由荷兰眼镜制造商詹森于1590年左右发明的。其后伽利略和开普勒在研制望远镜的同时,通过改变物镜和目镜之间的距离,大略弄清显微镜的光路结构。1665年,英国发明家罗伯特·胡克(Robert Hooke,1635—1703)设计了一台复合显微镜,并出版了《显微术》

---

[1] 《论显微镜》(第六十节),载《益闻录》1887年第634期。
[2] 白耳脱保罗:《格致初桄:论合力显微镜》,载《格致新报》1898年第6期。

一书阐明其理。1673—1677 年期间，荷兰学者列文虎克（Antoni Van Leeuwenhoek，1632—1723）制成一台高倍显微镜。19 世纪，随着"消色差物镜"的发明与改进，光学显微技术得以长足发展，显微镜愈出愈奇，成为生物学、医学研究的必备工具。

晚清期刊对显微镜知识多有介绍。笔者对《晚清期刊全文数据库》进行检索，其题名中含有"显微镜"一词的文章总计 29 篇，参见表 5 - 1 - 1。

表 5 - 1 - 1　　"显微镜"篇目题名表

序号	题名	来源	著译者
1	惠志道教师论显微镜	《中国教会新报》1868 年第 9 期	
2	镜影灯续稿：显微镜影灯	《中西闻见录》1873 年第 12 期	
3	格物杂说：显微镜辨血	《格致汇编》1876 年第 1 卷夏	
4	显微镜图	《画图新报》1883 年第 4 卷第 6 期	
5	论显微镜（第六十节）	《益闻录》1887 年第 634 期	
6	显微镜有益于世论一章	《万国公报》1890 年第 13 期	韦廉臣
7	格致释器：第八部：显微镜说	《格致汇编》1891 年第 6 卷秋	
8	格物杂说：大显微镜	《格致汇编》1892 年第 7 卷夏	
9	镜海探骊录：显微镜治病功用说	《万国公报》1899 年第 121 期	
10	格致发明类征：显微镜力	《万国公报》1904 年第 189 期	
11	丛谈：显微镜力	《东方杂志》1905 年第 2 卷第 5 期	
12	实业：大显微镜	《商务报》（北京）1905 年第 64 期	
13	智能丛话：远视显微镜	《万国公报》1906 年第 204 期	

续表

序号	题名	来源	著译者
14	丛谈：远视显微镜	《东方杂志》1906 年第 3 卷第 8 期	
15	艺事通纪卷一：远视显微镜	《政艺通报》1906 年第 5 卷第 3 期	
16	本省新闻：大光社显微镜出世	《农工商报》1907 年第 15 期	
17	本省新闻：自制显微镜批准奖励	《农工商报》1907 年第 13 期	
18	拔克台里亚：色素着色显微镜廓大之凡千倍：虎列拉菌	《理学杂志》1907 年第 4 期	
19	拔克台里亚：色素着色显微镜廓大之凡千倍：黑死病菌	《理学杂志》1907 年第 4 期	
20	拔克台里亚：色素着色显微镜廓大之凡千倍：流行性感冒菌	《理学杂志》1907 年第 4 期	
21	拔克台里亚：色素着色显微镜廓大之凡千倍：实扶的利亚菌	《理学杂志》1907 年第 4 期	
22	拔克台里亚：色素着色显微镜廓大之凡千倍：肺结核菌，青者痰也	《理学杂志》1907 年第 4 期	
23	拔克台里亚：色素着色显微镜廓大之凡千倍：窒扶斯菌	《理学杂志》1907 第 4 期	
24	本省大事：批准奖励自制显微镜	《振华五日大事记》1907 年第 38 期	
25	新法杂录：显微镜检查蚕种法	《实业报》1908 年第 14 期	
26	别录：广东提学使于奖励兴宁县附生李任重自制显微镜牌示	《四川教育官报》1908 年第 2 期	
27	绍介：百倍显微镜	《广东劝业报》1909 年第 57 期	
28	问答类：问高度显微镜之油浸装置用何种之油并如何使用法	《江苏师范同学会杂志》1910 年第 1 期	
29	双方并视之显微镜图	《大同报》（上海）1911 年第 6 期	

以上篇目载于《中西闻见录》《格致汇编》《万国公报》《理学杂志》等十几种期刊上。这些篇目主要阐述了显微镜的构造、种类及其发展动态。

二、显微镜的构造及种类

显微镜主要由机械部分和光学部分组成。前者包括镜坐、镜柱、镜臂、镜筒、镜台等部件，后者包括目镜、物镜、聚光镜、反光镜等部件。如同望远镜一样，显微镜之物镜靠近被观察物，目镜靠近人目，二者皆为凸透镜，分别承担第一、第二次放大功能。物体通过物镜成倒立、放大的实像，目镜则将通过物镜形成的实像转换成正立、放大的虚像。

《格致汇编》所载《显微镜说》介绍了显微镜的各种零部件，其中述及镜筒、目镜、物镜、聚光镜、反光镜等主要部件，略曰：镜筒为"连接目镜、物镜之筒"，其上端为目镜，下端为物镜。目镜与人目接近，由"二镜合成，均一面平、一面凸者。"物镜与"所看之物近"，能"聚所看微体之光影，令归于一聚点也。"反光镜在镜台下，"其镜两面，一平一凹，皆能收光反聚于微体之下，通过其体，令极细之纹皆显之甚明。"聚光镜在反光镜与台板之间，"能令光积聚于微体之上"，加强对"微体"的照明。[①]

显微镜的关键性部件是凸透镜，其制作精密度如何，深关显微效果。《四川教育官报》有文曰："显微镜之作用，全

---

① 《格致释器·第八部·显微镜说》，载《格致汇编》1891 年第六卷秋。

在凸灵视。制造凸灵视之法，异常精细，凡凸度之大小与两凸灵视距离之远近，须用精密之算术推侧之，务使光线放出于空气中时，其屈折之率一毫不爽，然后光线所聚之焦点，始可如法配准。"① 此所谓"凸灵视"即凸透镜。

按透镜配置数目而分，显微镜有单式和复式之别。前者由一个透镜组成，如放大镜；而后者则由两个或者两个以上的透镜组成。《画图新报》有文将显微镜分为大、小两种，小者即单式显微镜，"只一凸镜""能显小为大，惟所显不过倍蓗而已。"大者即复式显微镜，如图 5 - 2 - 1，由长筒数个组成，"筒中藏有各种凸镜，或四五块，或十数块不等"，可放大"什百千倍"。②

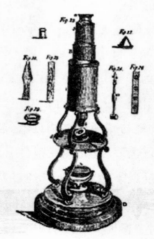

图 5 - 2 - 1

① 《别录：广东提学使于奖励兴宁县附生李任重自制显微镜牌示》，载《四川教育官报》1908 年第 2 期。

② 《显微镜图》，载《画图新报》1883 年第 4 卷第 6 期。

　　《益闻录》有文将显微镜分为"单坏镜"和"凑坏镜"。前者即单式显微镜，只有一双凸透镜，其形如图 5 - 2 - 2，"视物时当以物置坏与首芒汇间，便见物之虚像，大且正，坏愈凸，则像愈大""西人以玻璃坏装于牛筋圈内，接以一柄"，如 5 - 2 - 3，"为老人不可少之一物，用以照蝇头细字，点画分明，不遗纤悉。"后者即复式显微镜，"以数坏凑成"，其外形如图 5 - 2 - 4，内状如图 5 - 2 - 5。使用时，将"欲观之物，夹于二玻璃中"，置于图 5 - 2 - 4 甲字下。"上有铜管，自子至甲，管内有二坏，一近目坏，在甲字处，一近物坏，在子字处，物在近物坏之首芒汇外"，成实像于图 5 - 2 - 5 丙丁处，"大而倒，因此像在近目坏与其首芒汇中间，故人目视之，见虚像于寅丑间，殊形廓大，第像之所以廓大，功在近物坏，不在近目坏。学士欲大其力，以数凸坏并合为近物坏"。如图 5 - 2 - 4 辰字处，"间有以二坏合为近目坏者，非所以大其像，惟瞻视较明耳。"①

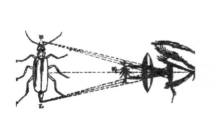

图 5 - 2 - 2　　　　　　　　　图 5 - 2 - 3

①　《论显微镜》（第六十节），载《益闻录》1887 年第 634 期。

图 5 - 2 - 4　　　　　　　　　　图 5 - 2 - 5

《格致汇编》所载《显微镜说》将显微镜分为"单放显微镜"和"双放显微镜"。前者即单式显微镜，"只用玻璃一块，两面凸形，多用一镜，更便于用。"后者即复式显微镜，"以物镜放大微体之形而成影，再以目镜放其影，大至若干倍。是微体之形两经放大，故谓之双放也。"① 《格致初桄》将显微镜分为"单片"显微镜和"合力"显微镜，前者只有一只镜片，后者则由"数块透光镜"组成，"较用单片之透光镜，更有显微之力。"②《理化学初步讲义》将显微镜分为单、复式，并述其成像原理，略曰：

单式显微镜只有一个凸透镜，如图 5 - 2 - 6，"于焦点内置甲乙物体，则自甲点所发之光线，取子丑寅卯之方向，而入于眼，引长之会于镜后，如见其物在呷，乙点光线亦然，如见其物在叽。因之物体甲乙生虚像呷叽，比原物大至数倍。此镜常用视察虫体，名曰虫眼睛，即单显微镜也。"复式显微

---

① 《格致释器·第八部·显微镜说》，载《格致汇编》1891 年第六卷秋。
② 白耳脱保罗：《格致初桄：论合力显微镜》，载《格致新报》1898 年第 6 期。

镜有两个凸透镜，"能将微细物体扩大至数百千倍"。如图 5
-2-7，下端之凸透镜曰"接物镜"，上端之凸透镜曰"接目
镜""今于接物镜之焦点外，置以物体，则因凸透镜聚光之作
用，能在接目镜下，生倒立之实像。于是将接目镜整理位置，
使所得实像恰在焦点之内，则接目镜又能以虫眼镜之作用而
将实像扩大，更生虚像。用此镜研究微物，能在隐秘界中发
见无数奇奥。"[①]

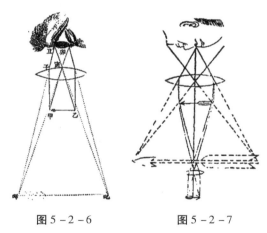

图 5-2-6　　　　　　图 5-2-7

《中国教会新报》有文将显微镜分为三种：一为"能令众
人同看者"，其法"择极光洁白粉壁，对面用镜将日光收照极
小物上，物影反射粉壁，人向粉壁看之，则物之全体俱见"；
二为"单镜"，用两片玻璃制成，　"一片分光，一片敛
光，……用发光镜照射之，虽物极微，丝毫毕见"；三为"双
镜""用三四看物镜放入筒内，如竹节然，下安极小镜，名物

---

① 钟观光、陈学郢：《理化学初步讲义》，载《师范讲义》1910 年第 2 期。

镜，上安视物大镜，名眼镜，均以两片玻璃迭成。"① 此所谓单镜和双镜，是指单式显微镜和复式显微镜。

根据用途和功能，显微镜也可分为多种类别。《格致汇编》所载《显微镜说》据此举列了当时流行的若干款显微镜。如图5-2-8为英国"医士常用之显微镜，亦谓之公用显微镜。形式美丽，可收拢装一木匣。"图5-2-9为"学徒合用之显微镜，廉价工省，形式简便"。图5-2-10为"新法极精显微镜"，适合医家诊疗之用。图5-2-11为"格致家合用之显微镜"，性能良好。图5-2-12为"范赫尔克显微镜"，宜于"显微镜照像"。图5-2-13亦为"学徒合用之显微镜""简而小，甚便移动。"②

图5-2-8　图5-2-9　图5-2-10　图5-2-11

图5-2-12　　图5-2-13

---

① 《惠志道教师论显微镜》，载《中国教会新报》1868年第9期。
② 《格致释器·第八部·显微镜说》，载《格致汇编》1891年第六卷秋。

三、显微镜的制作动态

晚清时期，显微镜技术发展迅速。期刊文献在介绍显微镜的构造和种类时，还对当时显微镜的改进情况有所报道。1892 年，《格致汇编》报道了德国慕尼黑"光学院"所造大显微镜：

"德国慕尼克地方有光学院，现造大显微镜，预备于西历一千八百九十三年列置施嘎哥大博物会内，便人观览。其力能放大微体之径一万六千倍，常显微镜力最大者仅放大一万一千倍，此则过之，可谓天下第一大显微镜也。其镜用于影戏灯，灯内以电为光，配大烛光一万一千支。惟如此大光，其热必烈，热时灯之金类料，易为之涨动，致光距混而不清，乃特设一法，以减其热。法用炭养二气压成流质，此流质每平方寸有三百五十磅压力，藏于红钢筒内，有自行小门，每若干时自放流质一滴，散而为雾，遇金类面，即收其热，而使变冷。如此则镜之光距毫不变动。……极微之物，能显于白色布面，最大最明，数千人可以同时并观。"①

此所谓"慕尼克"即慕尼黑，"施嘎哥大博物会"是指为纪念发现美洲 400 周年而在芝加哥举办的世界博览会。在这次博览会上，曾展出这台由德国慕尼黑大学设计制造的放大力高达 16000 倍的"可谓天下第一大"的显微镜，可供数千人同时观看。该显微镜与"影戏灯"（幻灯）结合使

---

① 《大显微镜》，载《格致汇编》1892 年第七卷夏。

用，以电灯照明，能将极微之物通过幻灯显现于幕布上，效果"最大最明"。由于电灯照明时热度太高，影像光距的调节，故采用二氧化碳液压法降温。后来《商务报》转载此文。①

1904 年，《万国公报》报道了法国人新制的一款显微镜，其力"能显十二万六千分英寸之一"，可用于观察微生物。"自得此镜后，而微物之学又辟一新世界矣。"② 1905 年，《东方杂志》转载了这一信息。③ 1906 年，《万国公报》《东方杂志》和《政艺通报》同时报道了西班牙某大学教授该斯基伯里所发明的"远视显微镜"：

"西班牙某月报载，大学院教习该斯伯里，新发明一种远视显微镜。其镜有显微之功，而亦可远视。设有物离镜十九寸，仍能放大一百四十四倍。如以之观蚁斗，则易见其创处。故此镜最合用于医士之窥喉病等症，且可以之为摄影镜云。"④

如其所云，这款显微镜不仅可以观察微物，而且可以摄影。研制者该斯基伯里为何许人，待考。

1911 年，《大同报》报道了一种可二人并用的显微镜（见图 5 - 3 - 1）：

"向用一目或两目视察，今则不特两目，且二人同时可用一镜，视查一物矣。颜曰：双方并视之显微镜。凡学校之地，

---

① 《实业：大显微镜》，载《商务报》（北京）1905 年第 64 期。
② 《格致发明类征：显微镜力》，载《万国公报》1904 年第 189 期。
③ 《丛谈：显微镜力》，载《东方杂志》1905 年第 2 卷第 5 期。
④ 《智能丛话：远视显微镜》，载《万国公报》1906 年第 204 期；《丛谈：远视显微镜》，载《东方杂志》1906 年第 3 卷第 8 期；《艺事通纪卷一：远视显微镜》，载《政艺通报》1906 年第 5 卷第 3 期。

工艺之场，设有一物非一人、一目所能考求者，可即由教习同视，双管齐下，则学生领略亦必更易，裨益学界诚非浅也。"①

图 5 - 3 - 1

在介绍西方显微镜知识的同时，晚清有国人试图自行研制显微镜。1907 年，广东兴宁县生员李任重自制一款显微镜，《农工商报》报道其事云：

"李君于光学一科，向曾专心研究，屡经实验推侧，爰得探明显微镜之理，用特设社鸠工，自行督造，由一百倍以至千倍，大小皆备。其光线之明显，视物之倍数，内容形式，一律与外国所制者相同，而定价则较为廉省。……李君显微镜，由本报社员，亲为考察，其所谓五百倍者，初以头发试验之，则放大如手指一样；继以木虱试之，则放大如大汤碗、大博古碗一样。……李君年不满三十，而手纹极粗，与做工人无异。由此可想其日夜试验，躬亲操作之苦矣。"②

---

① 《双方并视之显微镜图》，载《大同报》（上海）1911 年第 6 期。
② 《本省新闻：大光社显微镜出世》，载《农工商报》1907 年第 15 期。

清末政府曾出台奖励工商政策，故在李任重制出显微镜后，广东提学使明示予以奖励。《四川教育官报》有文报道其事，有曰：李君所制显微镜，"一切原料皆非取材于外国，足见艺术精微，裨益教育，杜塞漏卮，曷胜嘉慰。"①

对晚清社会来讲，显微镜是新生事物。为了让民众更深入地了解这一仪器，某些期刊还一再介绍了它的社会功效和作用。如《万国公报》谓显微镜有三大功用："一、视小如大，所谓视蚁如车轮也。二、视浊如清，所谓察秋毫之末也。三、即使小之至而形无可睹、浊之至而体不能出者，而窥以此镜，经经纬纬直不啻掌纹之可数也。"② 《格致汇编》云：显微镜对常人来讲有四种用途：一、"能视及万物中最华丽雅趣之微体"；二、"教习幼学，现以显微镜为不可少之器"；三、"凡格致学内，考求新物新理新法，亦以显微镜为不可少"；四、"显微镜于制造工艺内亦有大益"。③《申报》有诗称赏显微镜曰："显微小镜制偏精，方寸洋笺折叠平。暗拓小窗闭把玩，牛毛人物太分明。"④ 又曰："西洋镜片古来稀，洞里乾坤藉显微。纸上楼台形毕现，错疑缩地到蛮畿。"⑤《农工商报》则高度评价了显微镜的学术意义：

"制镜一大事也！自有大天文镜，可以查出天河亦系堆积之星，天上诸星除金木水火土等八星外，其余满天俱系太阳。

---

① 《别录：广东提学使于奖励兴宁县附生李任重自制显微镜牌示》，载《四川教育官报》1908 年第 2 期。
② 韦廉臣：《显微镜有益于世论一章》，载《万国公报》1890 年第 13 期。
③ 《格致释器第八部：显微镜说》，载《格致汇编》1891 年第六卷秋。
④ 《续沪上西人竹枝词》，《申报》1872 年 5 月 30 日。
⑤ 曹溪洛如花馆主人未定稿：《续春申浦竹枝词》，载《申报》1874 年 11 月 4 日。

自有显微镜，可以察出水内之微虫，每一滴水，有几千万。近十年来，西人创出极大倍数之微显镜，可以察出将物质分至尽头之原粒。故格致大反前十年之识论，制镜不止有助于学问，实有转移世界学说之力也。"①

---

① 《新闻：本省新闻：自制显微镜批准奖励》，载《农工商报》1907年第13期。

第六章　照相机及摄影术

　　照相机是一种利用光学成像原理形成影像并使用底片记录影像的设备，是用于摄影的光学器械。鸦片战争后，随着国门的开放，作为一种"奇技淫巧"，照相机初则传至沿海通商口岸，继则流入内地，至清亡前已取代中国传统的肖像画，成为人们喜闻乐见的"留影"方式。晚清期刊对这一"奇器"的制作原理、基本构造以及传布情况皆有不同程度的介绍。

一、晚清期刊所载"照相"篇目

　　照相机的发明经历了漫长的岁月。早在东周时期，我国思想家墨子曾记录针孔成像现象。16世纪，欧洲出现了供绘画用的"成像暗箱"。1802年，英国人汤姆斯·维吉伍德（Thomas Wedgood，1771—1805）制成"晦影照相机"。1816年，法国人尼埃普斯（Joseph Nicéphore Nièpce，1765—1833）用自己定名的"人工魔眼"的透镜装配成第一架照相机，并于1826年拍摄了世界上首幅实景照片。1839年，法国画家的达盖尔（Louis Jacques Mand Daguerre，1787—1851）公布发明了"达盖尔银版摄影术",世界上第一台具有商业价值的可携式木箱照相机由此诞生。同年,英国天文学家约翰·赫歇尔(John Frederick William Herschel,1792—1871)首次提出"Photography"(摄影)一词。

1840年,法国福伦达公司利用达盖尔技术设计制造了世界上第一架金属相机;同年,法国光学仪器制造商谢瓦利埃(Charles Chevalier,1804—1859)制造出世界上最早的木质折叠型相机。1841年,英国皇家学会会员塔尔波特(William Henry Fox Talbot,1800—1877)发表了"卡罗摄影法"。1851年,英国雕刻家阿切尔(Frederick Scott Archer,1813—1857)发明"火棉胶摄影法"。1871年,英国人马杜克斯(Richard Leach Maddox,1816—1902)发明了溴化银明胶干版摄影法,使摄影与制作感光材料分家,揭开了近代摄影序幕。1880年,美国人乔治·伊斯曼(Geroge Eastman,1854—1932)创立干版制造厂,此即现在柯达公司的前身。1882年,伊斯曼公司生产了世界第一台彩色圆盘式胶片照相机。

晚清期刊文献对照相机及摄影问题多有介绍,笔者对《晚清期刊全文数据库》进行检索,其题名中含有"照相""照像"二词者达78篇,见表6-1-1;而含有"摄影"一词者多达341篇。这说明摄影在晚清已得到比较广泛的传播。

表6-1-1　　"照像"篇目题名表

序号	文章	来源	著译者
1	照相三法	《中国教会新报》1870年第82期	
2	乘槎笔记:十八日晴,已刻照像……	《中国教会新报》1871年第148期	

序号	文章	来源	著译者
3	匪徒照像驱逐	《中国教会新报》1871 年第 138 期	
4	格物杂说：最速照像	《格致汇编》1877 年第 2 卷冬	
5	杂言：照相说	《万国公报》1878 年第 512 期	
6	各国近事：照像新法	《万国公报》1880 年第 592 期	
7	照像略法（未完）	《格致汇编》1880 年第 3 卷秋	
8	照像略法（续）	《格致汇编》1880 年第 3 卷冬	
9	照像略法（续）	《格致汇编》1880 年第 3 卷冬	
10	照像略法（续）	《格致汇编》1880 年第 3 卷冬	
11	格致释器：第七部：照像器	《格致汇编》1891 年第 6 卷春	
12	格致释器：第七部：照像器（续）	《格致汇编》1891 年第 6 卷夏	
13	格物杂说：放鸢照像	《格致汇编》1892 年第 7 卷夏	
14	西文报译：照相新法	《时务报》1896 年第 2 期	张坤德
15	京外近事：工事：照相如生	《知新报》1897 年第 8 期	
16	京外近事：工事：照相新法	《知新报》1897 年第 32 期	
17	戴冠照相	《集成报》1897 年第 2 期	
18	格致卮言：树叶照相	《利济学堂报》1897 年第 13 期	
19	杂事：星宿照相	《集成报》1897 年第 17 期	
20	英文报译：海底照相	《时务报》1897 年第 18 期	张坤德
21	京外近事：格致：树叶照像	《知新报》1897 年第 20 期	
22	京外近事：格致：夜间照像	《知新报》1897 年第 32 期	
23	谈瀛馆随笔：著色照像新法	《时务报》1897 年第 40 期	谭培森

序号	文章	来源	著译者
24	法报选译：收回照相金银水之新法	《译书公会报》1898 年第 20 期	潘彦
25	格致新义：五色照相	《格致新报》1898 年第 3 期	
26	格致新义：水底照像	《格致新报》1898 年第 6 期	
27	照相用显影药水新法	《亚泉杂志》1900 年第 2 期	
28	树叶照像	《商务报》1900 年第 33 期	
29	各号告白：上海抛球场耀华照像号坍城桥外耀华西号	《集成报》1901 年第 2 期	
30	各号告白：上海抛球场耀华照像号坍城桥外耀华西号	《集成报》1901 年第 3 期	
31	桐城吴先生照像记	《经济丛编》1902 年第 1 期	
32	照相显影配方法	《普通学报》1902 年第 5 期	赵楚惟
33	新智识之杂货店：德国今皇照相最多……	《新民丛报》1902 年第 21 期	
34	艺事通纪卷三：照像新法	《政艺通报》1903 年第 2 卷第 18 期	
35	艺事通纪卷四：无光照像	《政艺通报》1903 年第 2 卷第 20 期	
36	外国纪事：无光照相	《鹭江报》1903 年第 53 期	
37	浙江同乡会照相	《浙江潮》（东京）1903 年第 1 期	
38	中外大事记：火星照像	《湖南演说通俗报》1903 年第 6 期	
39	丛谈：极大照像	《东方杂志》1904 年第 7 期	
40	照相纸片	《中国白话报》1904 年第 24 期	
41	实业：新法照像	《商务报》（北京）1904 年第 11 期	
42	丛谭：极大照像	《商务报》（北京）1904 年第 16 期	
43	格致：照相纸片	《真光月报》1904 年第三卷第 8 期	
44	丛钞：照像飞船	《商务报》（北京）1904 年第 24 期	
45	实业：照像指南（未完）	《商务报》（北京）1904 年第 33 期	

续表

序号	文章	来源	著译者
46	格致发明类征：记彩绘照相	《万国公报》1904 年第 185 期	
47	杂俎四则：向来照相之法难在分清黑白……	《万国公报》1904 年第 185 期	
48	格致发明类征：照相纸片	《万国公报》1904 年第 188 期	
49	实业：照像指南（续）	《商务报》（北京）1904 年第 34 期	
50	艺事通纪卷一：杖头照像新器	《政艺通报》1905 年第 4 卷第 11 期	
51	实业：照像须知（未完）	《商务报》（北京）1905 年第 39 期	
52	实业：照相新法	《商务报》（北京）1905 年第 58 期	
53	实业：照相须知（续）	《商务报》（北京）1905 年第 40 期	
54	实业：照相须知（续）	《商务报》（北京）1905 年第 41 期	
55	实业：照相须知（续）	《商务报》（北京）1905 年第 42 期	
56	瀛谈片片：电传照相法	《云南》1907 年第 6 期	雪生
57	新闻：电传照相法	《农工商报》1907 年第 9 期	
58	海外杂俎：水底照像	《北清烟报》1907 年第 10 期	
59	照像之原理	《振华五日大事记》1907 年第 21 期	
60	外国新闻：电传照相法	《农工商报》1907 年第 22 期	
61	丛录：电传照相法	《通问报》1907 年第 239 期	
62	丛录：德人新发明电传照相法	《通问报》1907 年第 252 期	
63	金山苟禁华工之照相：照片	《女子世界》（上海）1907 年第 2 卷第 6 期	
64	杂俎：腹内照像	《国华报》1908 年第 1 期	
65	工学界：照像光学之大要	《学海》（乙编）1908 年第 1 卷第 2 期	朱炳文
66	新艺术：无线电照相术	《万国商业月报》1908 年第 6 期	

序号	文章	来源	著译者
67	工业：照像原理	《农工商报》1908 年第 34 期	
68	丛录：照像之原理	《通问报》1908 年第 286 期	
69	新知识：撮取人身发电之照像	《东方杂志》1909 年第 6 卷第 9 期	
70	各省要闻：自制照相药品	《江宁实业杂志》1910 年第 5 期	
71	照相新法	《绍兴白话报》190? 年第 74 期	
72	中国近事：凶手照相	《绍兴白话报》190? 年第 79 期	
73	津济通车感言：济南小彭照相馆赠万德十四空巨桥正当建筑之图	《协和报》1911 年第 27 期，7 页	
74	津济通车感言：济南小彭照相馆赠官桥之铁桥正当建单之图	《协和报》1911 年第 27 期	
75	津济通车感言：济南小彭照相馆赠万德站房告竣贺工时中外总办暨各头等工程司之摄影	《协和报》1911 年第 27 期	
76	津济通车感言（续）：济南小彭照相馆赠津浦铁路石店最高之铁桥图	《协和报》1911 年第 28 期	
77	津浦铁路黄河桥工记：济南小彭照相馆赠黄河桥梁全图、济南小彭照相馆赠建造混凝石粧柱图	《协和报》1911 年第 39 期	
78	津浦铁路黄河桥工记：济南小彭照相馆赠第五桥柱十七密达击粧柱架图	《协和报》1911 年第 39 期	

摄影是"藉光以描写物象者也""滥觞于泰西诸国,而为写真术之代名词也。"① 从光学角度看,摄影是指应用光学成像原理,通过照相镜头将被摄物体成像在感光材料上。以上篇目载于 30 多种期刊中,其内容一部分属于广告和图片新闻等,一部分则介绍了相机构造、摄像原理以及感光材料和技术,兹择其大要分述如次。

二、照相机的成像原理及其构造

照相机是用于摄影的光学器械,主要利用光学小孔成像、透镜成像原理制成。按照光学原理,小孔所成之像为倒立且左右颠倒的实像,其与物体大小之比为小孔到成像屏的距离除以小孔到物体的距离,小孔越小,成像越清晰。

《写真术》在阐述小孔成像原理基础上,指出照相机的构造如同人的眼睛一样,"眼睛之雏形者,即暗箱是也。暗箱为用之便利而为方形,内涂暗无光泽之黑漆,前壁之中央,安置一凸透镜,对于透镜之后壁,固定一毛玻片。……此玻片写真家称之曰画障,画障之作用,无异乎眼球之网膜。"在功用上,照相机之凸透镜如同眼球,成像板如同视网膜,"写真家用适当之凸面镜,其径虽大,能集外来之光而映像者,如吾人眼球之作用也。眼球之组织,颇复杂,不能详,其大要不外如……暗室之小圆孔,而加以适当集光性之透镜也。……惟具此集光性之透镜,故外物各部皆得通过之光束,

---

① 肖生:《写真术》,载《理学杂志》1906 年第 1 期。

以映于内壁之网膜。"在成像原理上，照相机"镜面之于物象，惟为反射之作用，而非由对象（写映之景物）发光线以集映于镜者也。若暗室中景物之所以倒影者，则由对象所放射之光线，屈折而成，如人之眼球，其网膜即壁面也，瞳孔即圆形之小孔也。虽所映之画像，诚不若肉眼实见之真切，然其原理固无二也。"眼睛视物，根据物体远近，由"筋肉之伸缩"来调节眼球之凹凸，相机成像亦需有"适度之距离而后可。"①

晚清期刊不仅述及照相机的成像机理，而且介绍了照相机的基本形制及其主要部件。《东方杂志》所载《摄影术发明之略史及现今之方法》（以下简称《摄影术》）提及十种照相机：

一为"寻常摄影器"，其"暗箱常以木质所制，体制大小不等，最大一种可摄取极大之像片，即摄取各种小形像片，亦可合用。藉此营业者，多乐用之，因其构造坚固，用时不易动摇。"

二为"手提摄影器"，构造轻巧，便于携带，"唯不能摄取大形像片，大抵可容四寸及六寸之干片者居多。有匣式、折叠式等种，旅客用之称便，故别名旅客摄影器。其中又有别具机关及配用软片之一种，概能联摄数像，殊觉便捷。"

三为"远景摄影器"，其"镜头前方，备一远镜，可摄取远地景色，如敌国之军舰、城堡等。彼摄取天文之一种，构

①　肖生：《写真术》，载《理学杂志》1906年第1期。

造相同，但远景更须精妙耳。"

四为"海底摄影器"，其"制法与前种无甚大异，其远镜可伸入海中，不令海水涌入，便于摄取海底之景色。"

五为"微物摄影器"，可用于"显微镜上摄取生物及生物体中组织"。

六为"双镜摄影器""有并列之镜头二枚，镜盖相连，一次摄影，即成略有微异之像片二枚。由此所制之像片，置于实体镜（俗名双眼西洋镜）中窥之，其二像合为一体，觉影像愈呈凸形。"

七为"多镜摄影器"。其"镜头有至八九枚者，一摄即成数像，像各相同，但其摄得之像片，概与邮票同大，分赠亲友，价廉而功省。"

八为"活动影戏摄影器"，其"器备机轮，手转轮柄，使镜面速开速闭，与箱后软片频频改换之受影面相应，故转瞬间可联摄数影，为制造活动影戏像片之用。"

九为"纸鸢摄影器"，器体甚小，"系于纸鸢或鸽体，纵之天空，从高处摄取大地全景，装有自动开闭之镜门，将摄成之小像片，用廓大器放大，印成地图，但图内各物大小与其远近有比，与寻常所谓鸟瞰式之地图相同。"

十为"廓大摄影器""能将小形像片随意放大，唯像片须格外清晰而成绩始作。此器共有种种，有用日光放大及灯光放大之别，用灯光放大之一种，俗称之曰放大灯。"①

①　杜就田：《摄影术发明之略史及现今之方法》，载《东方杂志》1911 年第 8 卷第 4 期。

　　照相机的主要部件有镜箱、暗匣、快门、镜盖、机袋等，见图6-2-1。图6-2-2为《格致汇编》所载"全副照像器""每副有镜箱，……箱尾能容横置、立置之片箱，前配上等镜，其三足架分三节，装于木箱之盖内。另备应需之药料数种及暗匣与干片，并可折之红玻璃灯晒框等，又银纸若干、金水一瓶，定影水一瓶，显影盘、定影盘、金水盘等。"①

图6-2-1

　　图片来源：杜就田：《摄影术发明之略史及现今之方法》，载《东方杂志》1911年第8卷第5期。

---

　　① 《格致释器·第七部·照像器》，载《格致汇编》1891年第6卷春。

图 6 - 2 - 2

《女子世界》有文概述照相机的构造，略曰：

图 6 - 2 - 3 为照相机，其"最要者为镜头，谓之镜玉"，在甲字处，"其面有盖"。"镜玉之后即为暗箱，其后有毛玻璃板"，在乙字处。"去盖而以黑布掩后观之，则板上现倒立之影像。"丙为三脚架，"其上有三角台，中有一孔，以一螺旋旋定于暗箱下之底板上。暗箱可进可退，以配光距。镜玉亦可自由上下，皆以轮齿运动之。毛玻璃亦可纵横装置，配光之时，须使之与地平为垂线，不可倾斜"。[①]

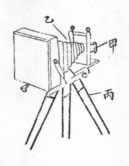

图 6 - 2 - 3

---

① 志群：《普通写真术》，载《女子世界》（上海）1905 年第 2 卷第 3 期。

　　镜箱即"镜头与暗箱之总称"。《格致汇编》所载《照像器》为晚清传播摄影知识的重要文献，全文共录70幅图，其中27幅展示了不同形制的"镜箱"。依其所言，图6-2-4为"廉价镜箱""初学之人最为合用，……镜亦精良，有小齿轮与齿杆，法令其进退，以配光距。箱后毛玻璃框可取出，换配暗匣，横置立置均可。箱尾为双层，可拆开引长，或令上下仰覆，或令左右侧动，有铜丝条制之。箱前镜板能上下起落，能左右迁移。……各置法均能如意配准，使所照人物山水之影，各处显清。"图6-2-5"精制镜箱""能照精妙之像，如照移动之人物或单人像或多人像或山水房屋机器工程各事，镜力大，能速照，有快门，极灵便。镜筒内有新法活隔帘，外有分度表，能指隔帘开孔若干大，须照若干片时，干片可任横置立置。……为照像取乐之人最喜用者。"

图6-2-4　　　　　图6-2-5

图6-2-6　　　　　图6-2-7

图6-2-6为"特设镜箱""四周镶以磨光铜条，前后箱角及各要处亦镶以铜。前后左右皆能侧动，箱腰能伸甚长，折皮前小后大，成方锥式，收合能成扁方形镜，……有左右动之快门。"① 图6-2-7为"通方镜箱"，可"收折成扁方，厚仅二寸，伸之能长至干片长之三倍，有螺杆使进退，底板二节，连以铰链，可折开箱尾，置暗匣，可任横立。镜有活隔帘与快门，筒外有分度，指其帘孔，收放之大小与光距至比例及应照干片秒数之比例。"

图6-2-8、图6-2-9皆为"新式镜箱"，前者"能收成扁方，以齿杆配其光距，暗匣出进箱尾，极易而省事。"后者"前后等大而通方，体轻而坚，最易移动，有多便用之法。"② 图6-2-10为"精新镜箱""凡各新善之法，利益之事，无不毕具。"箱体分三节，可根据光距大小收短和伸长，"箱尾能前后侧动，箱前能上下起落，左右侧动。"箱体亦轻，"虽能伸之甚长，收紧亦厚仅二寸。"③ 图6-2-11为"表式镜箱""收合时与常式金表，大小相同形式相等，……最便身边携带。表边有小簧，压之自开，有套圈六节，伸长为箱，再压次簧，快门启闭，即照成像，无论一人多人、山水房屋均可入照。"

---

① 《格致释器：第七部：照像器》，载《格致汇编》1891年第6卷春。
② 《格致释器：第七部：照像器》，载《格致汇编》1891年第6卷春。
③ 《格致释器：第七部：照像器》，载《格致汇编》1891年第6卷春。

图 6 - 2 - 8　　图 6 - 2 - 9　　　图 6 - 2 - 10　　　图 6 - 2 - 11

图 6 - 2 - 12 为"最新镜箱""相配各件皆具新法，精雅美善""配光距有粗细二螺杆，前镜板能上下起落，左右移动，箱尾能上下左右侧动。凡他镜箱能成之事，此箱无不能之。照像者无论欲配如何光距，皆能如意，使照像上下左右应得或远或近之光距俱能配之。"图 6 - 2 - 13 为女用镜箱，"体轻而整齐，易装立，备用各件简便，虽坚亦轻，最易迁动。箱尾能容横置立置之干片，照一人或多人或山水房屋均可。……收折甚短，易成小包。"①

图 6 - 2 - 12　　图 6 - 2 - 13　　　图 6 - 2 - 14　　　图 6 - 2 - 15

图 6 - 2 - 14 为"手托镜箱"，可装于衣袋之内，"极易携迁移动，令观者不知为照像之器，于街市上可免多人聚观，有碍照像，又不必问商本人愿否照像，则一见即照成矣。"图 6 - 2 - 15 为"双眼镜箱""一箱有二镜，能同时照等式二像，晒于纸上，以双眼显微镜窥之，则显深远凹凸之致，不复有

---

① 《格致释器：第七部：照像器》，载《格致汇编》1891 年第 6 卷春。

平面形矣。目视之，误为实景，似不信其为平面形。"[1]

镜头为照相机的成像元件，主要由光学玻璃制成的透镜组组成，依其焦点距离长短来划分，略可分为标准镜头、广角镜头、望远镜头及变焦镜头。《摄影术》述照相机镜头曰：

"镜头（Lens）即透光之凸镜构合而成，品种良窳，与影像之成绩最有关系。当初创用者，为单体凸镜，殆数学、物理学研究日精，乃取折光不同之玻璃，造成凹凸不等之数镜，配于圆筒，将折差色差诸弊设法去之，颇为完善。如拨罗泰（Protar）式之一种，为近时应用最广之镜头也。……镜头以镜体之多少而有单合式与复联式之别，又以镜面之平凸而有大角度镜（镜面较平）与小角度镜（镜面较凸）之分。单合式及大角度镜便于摄取建筑物之景，俗名山水镜。复联式及小角度镜，便于摄取人之肖像，俗名人物镜。欲精其艺，须备两种。不能合用，最好为万能式。其全体原为小角度镜，若将其中之某镜取去，则成大角度镜矣。构造极巧，最为适用。"[2]

这里作者根据镜体多寡将照相机镜头分为"单合式"镜头和"复联式"镜头，又根据"镜面之平凸"，将其分为"大角度镜"和"小角度镜"。此所谓"拨罗泰"即普路塔镜头。该镜头由德国光学仪器制造商卡尔蔡司（Carl Zeiss Jena）公司于1890年生产，具有良好的色差纠正性能，成像质量颇佳，在摄影史上享有很高的声誉。图6-2-16为普路塔镜头之剖面图。

---

[1] 《格致释器·第七部·照像器》，载《格致汇编》1891年第6卷夏。
[2] 杜就田：《摄影术发明之略史及现今之方法》，载《东方杂志》1911年第8卷第4期。

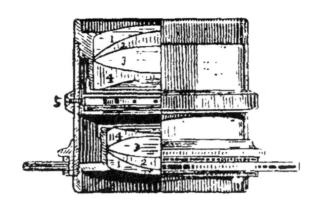

图 6 - 2 - 16

图片来源：杜就田：《摄影术发明之略史及现今之方法》，载《东方杂志》1911 年第 8 卷第 4 期。

《格致汇编》所载《照像略法》将照相机镜头分为"人物镜"和"山水镜"，并述其构造曰：

"照像之镜，制造之法略同，惟其理则算数精深，非专究光学者不能尽悉。……镜分二种，一名人物镜，又名繁镜；一名山水镜，又名简镜。人物镜共有四层，其外镜以二层相叠，用明胶粘，使无罅。前层为明玻璃，二面皆凸，后层为火石玻璃，二面皆凹。……此外镜须以凸面向前，镜管之中间插铜片，片上敷以黑漆，中作圆孔，名为隔帘，即人目中瞳神之意。照山水之镜，只用一片，照人物者必有大小之孔数片，依所照之远近而用之。……内镜亦用两层，其前层为火石玻璃，一面凸而一面凹；后层二面俱凸，而前更凸于后，二层之间不用明胶，而隔以铜圈，令二层不相切。此镜制法之繁，即光学精深之处。……照山水之境原可与照人物者相同，但照山水必将一切器具移至其地。此种繁镜体重而价贵，不如专照之镜。……专照山水之镜有数种，佳米捺所作者用二层，以明胶相粘，隔帘安在镜之前面，然此二层终不能不变光色，故不及三层之好。……其三层或用明胶粘合为一，或依光学令相离若干，英国打勒美雅公司所造之山水镜即此式样。……美国人所购别国之镜，最有名者为福得兰特与鲁斯与打勒美雅与佳米捺共四家，然美国现在之制造能与别国者相同，如拉得与绰普门与陆脱茄三家，其工最准，球形镜并山水各镜，天下无双。"①

同刊所载《照像器》又着重介绍了英国某厂家生产的"山水镜""速照镜""新法镜""大角度镜""最大角度镜""跑马镜"等镜头的性能。如其所言，图6-2-17、图6-2-18为"山水镜"，适宜拍摄山水风景。后者"有铜筒，能进退，以配光距，镜背面凹形，自心至边，同得清晰，底有螺盘，口有皮盖。"前者"较前更精，筒有齿杆齿轮，配光距甚便。"

图6-2-17　　　图6-2-18

图6-2-19为"速照镜""可照多人或一人之像，房内露天均可用之。内配活隔帘，开大可照人像，收小可照山水

---

① 《照像略法》，载《格致汇编》1880年第3卷冬。

房屋。外有分度表，能显帘孔开之大小与相配应照之秒数。"
图 6－2－20、图 6－2－21 为"大角度镜"，适合拍摄房屋、
机器等物，"可置之甚相近，内有前后二镜，如单用后镜或单
用前镜，则照物可更远，亦配活隔帘与分度表。"

图 6－2－19　　图 6－2－20　　图 6－2－21

　　图 6－2－22 为"最大角度镜""凡照物体之像，如不能
远离或欲照物体本尺寸之像"，须用此镜，"不用活隔帘，乃
用转动之隔帘板。"图 6－2－23 为"小角度镜""能从远处照
像最清"，也"配以活隔帘与分度表"。图 6－2－24 为"跑马
镜""跑马镜即速照镜也，因其能照马跑之速，故俗名跑马
镜。……其镜内亦配活隔帘，外有分度表，配其帘孔之大小，
外记宜照之秒数。照人像山水房屋俱合用，另配快门，……
能启闭任何速。"①

图 6－2－22　　图 6－2－23　　图 6－2－24

《写真术》将照相机镜头分为"单透镜"和"复透镜"，

① 《格致释器：第七部：照像器》，载《格致汇编》1891 年第 6 卷夏。

其中前者只有一枚透镜，所成之像"皆不平面而成曲面，透镜面之曲度愈大，其焦点距离愈小，而映画面之曲度亦愈甚。"后者由"种种之单透镜组合而成，其大要不外求遂其集光之目的而已"，其中又可分为单联式透镜、直映性透镜、肖像用透镜、集合用透镜、纵横共集性透镜、广角性透镜等形式，其性能各有优长。单联式透镜由"软性、硬性两种玻璃所制之单镜二个组合而成"，虽可补单透镜之缺点，仍有"挠曲原物映直线为曲线之弊病"。直映性透镜由单联式透镜一对前后组合而成，形如图 6-2-25，"凡写映户外之景色者，大率用此镜为多。"肖像用透镜，形如图 6-2-26，"适于写映肖像之用"，其特点有三："一、对于近距离之对象而著其效用；二、画面之中部紧严而不及边隅者；三、光线充分而中部之作用甚锐。"集合用透镜兼具直映式和肖像式透镜之性能，"不论距离之远近而可写映多数人集合之肖像"。纵横共集性透镜克服了前述诸镜"画面之边隅纵线、横线不能同时集映于一平面"之弊，"画面整平而写映之角度亦适"，其形如图 5-2-27。广角性透镜适于拍摄"所映之画面大于焦点距离者"，其"景角约八十度至百度"。①

---

① 肖生：《写真术》（续），载《理学杂志》1906 年第 2 期。

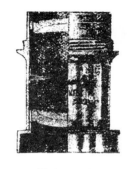

图 6 - 2 - 25

图 6 - 2 - 26

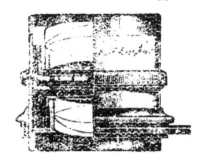

图 6 - 2 - 27

　　光圈是镜头内的重要部件，它是一个用来控制光线透过镜头，进入机身内感光面光量的装置。《写真术》谓其功用有三："一、减缩光量以暗画面；二、边隅之集映仍得紧锐；三、增集映之余裕"；光圈之径愈小，则"集映之余裕愈大，其径之大小虽有定式，然以之为透镜焦点距离之分数常也。"其形式亦有三：即插入式、回转式和虹彩式。插入式以金属板为之，穿有圆孔；回转式以圆形金属板为之，"回转于透镜之胴，亦犹插入式穿等长若干孔窗者。"虹彩式"取薄金属之舌片数个，嵌入于回转之胴，暂以小钉固定之。胴回转于一方时，则舌片同动以闭孔；胴又回转于反对方向时，则舌片亦动于反对而孔又开。"① 《学海》所载《照像光学之大要》述及光圈的功能：

"薄板形，中心有圆孔，用以遮蔽镜球周边者。自物发来之光线，据物体之远近，所印肖像各部分之位置不同，又通过镜球周边之光线与通过中心者，其所印肖像，位置亦不一致，故肖像各部分不能显明如一，乃用隔光环以补此缺点。若为单镜球，插于前面，若为复镜球，插于两镜之间，遮断其周边射来之光线，务使光线从镜球中心通过，物体之远近各部皆能一时显明现出。"②

此所谓"隔光环"即光圈。《摄影术》亦阐述了光圈的功用及形制：

"镜筒中之锁光圈，功用如眼中隔帘，能令透入镜体之光，穿过此圈，愈觉清晰。其制法共有三种：一为插入式，二为回转式，三为隔帘式。插入式者，发明最早，以金属板数片，各凿一圆径不等之孔，随光之强弱选用之而插入镜筒。回转式者，为圆形之片，中凿大小不同之圆孔数个，横隔于镜筒中，就其微露于筒外之一边回转之，即可运用其合宜之孔。隔帘式者，形制最新，镜筒内壁环镶金属薄片数枚，皆具活动，连于筒外之指针，拨其指针，各小片悉向中心牵动，或收或放，可成种种圆孔，恰如眼中隔帘，故名。"③

---

① 肖生：《写真术》（续），载《理学杂志》1906 年第 2 期。
② 朱炳文：《照像光学之大要》，载《学海》（乙编）1908 年第 1 卷第 2 期。
③ 杜就田：《摄影术发明之略史及现今之方法》，载《东方杂志》1911 年第 8 卷第 4 期。

值得一提的是，《写真术》在介绍光圈的功能时，还论及光圈值。光圈值又称"焦比"（F-number），等于镜头的焦距除以镜头口径的直径，既表示镜头的通光量，又表示镜速（Lens speed）的量。F值越大，光圈越小；反之，F值越小，光圈越大。通光量的强弱与曝光时间成反比例关系。例如"一透镜之焦点距离为一尺，而1/4之遮窗，其孔径为二寸五分是也。……透镜射入之光量与遮窗孔径之平方恒有比例，如1/4之口径，则其适度之写映时间为六百二十五秒，即$100^2/4^2$是也。"[①]

暗箱为承装组成照相机的各种部件的载体。《摄影术》述其沿革曰：

"暗箱（Camera）系意大利挨尔褒梯（Leon Batisti Alberti）氏所创制，距发明摄影术以前约四百余年。其原制为密闭之小箱，一面穿一细孔，一面张纸，承受细孔透入之物影。在一八〇二年，魏其护德氏始取之为摄影器。当时所用之暗箱，构造简单，不过于进光之细孔，嵌一透光凸镜，与挨尔褒梯氏之原制，无甚大异。至一八五四年，经花克（Captain Fawke）氏改制，以软革制为襞腔，使箱后之承影玻片，移前退后，配毕光距，较为灵便，且可折叠，而构造为之一新。后经无数名家渐次改制，配准光距，则用螺旋，虽至微之差，犹能纠正。"[②]

"挨尔褒梯"即意大利建筑师和建筑理论家阿尔伯蒂

---

① 肖生：《写真术》（续），载《理学杂志》1906年第2期。

② 杜就田：《摄影术发明之略史及现今之方法》，载《东方杂志》1911年第8卷第4期。

（L. B. Leon Battista Alberti，1404—1472），他研制出最早的
"暗箱"，其构造是：在暗箱前端开一孔，在暗箱后端贴一张
白纸作为光屏，被摄物体的反射光经过小孔，即可在暗箱的
后端成倒立的实像。这是照相机的前身。"魏其护德"即英国
人维吉伍德（Thomas Wedgwood，1771—1805），他利用针孔
成像原理，将凸透镜置于暗箱针孔位置上，制成"晦影照相
机"，使映像效果更为清晰。"花克"即福克，他以软皮制作
暗箱内腔，能使镜头前后移动，便于调配光距。

　　快门是照相机的成像控制元件，"其类甚多"。一般而言，
快门速度愈慢，所拍摄的影像会呈现流动感。若欲将运动中
物体拍摄成定格影像，则要用快速快门。《摄影术》介绍其功
能与类别曰：

　　"自加速干片发明以后，于短时间摄取物影，感光须速，
非手之运动所及，则用一种开闭镜门之机关，谓之快门。用
时装于镜头，皆能依所定之速度而速为开闭，共有种种。有
一种西名 Focal - plane Shutter，以木制之匣，中藏机轮，轮轴
卷一具孔之黑布条，触其机，则黑布条骤向镜面掠过，使干
片速即感光，可速至二百秒之一。又有金属制之者，构造如
隔帘式之锁光圈，一动其机，即向中心速为开闭。此等快门，
大抵用于手提镜箱，常与镜头相连而不分离。"①

　　这里作者介绍了两种快门：一是焦平面快门（Focal -
plane Shutter），装在机身内，因其处在胶片前焦点平面上，

---

① 杜就田：《摄影术发明之略史及现今之方法》，载《东方杂志》1911 年第 8 卷第 4 期。

故名，曝光速度极快；二是中心快门，也叫叶片快门，由若干个金属薄片组成，类似于光圈。

《照像器》更以图文形式介绍了如下几种快门。图6-2-28名"制光表""其门下有表面，表面有指针，针移至某秒或一秒之某分，压其象皮泡，则所照之时必与所指之数毫无差忒。所限之时自八十分秒之一至三秒止。欲过三秒，须将左杆举起，则可任照若干秒数。"图6-2-29为"新法快门""能任配所照之秒数，法甚简便，以绳牵动，能速启闭。"图6-2-30为"用橡皮泡启闭之快门"，较上列各种快门更为便捷。①

图6-2-28　　　图6-2-29　　　图6-2-30

暗匣为放置胶片之匣，论材质有木制、铁制之分，论容量有单片匣、多片匣之别。《摄影术》述其形制曰：

"暗匣即藏纳干片之匣，有木制、铁制之别。手提镜箱配用之暗匣，多系铁制，购镜箱一副，恒有暗匣二具联之。此等暗匣有双纳片、多纳片两种，择单纳片而铁制者为佳。但旅客携用，应多带干片数枚。故仅有二具，不敷所用，须再

---

① 《格致释器：第七部：照像器》，载《格致汇编》1891年第6卷夏。

配数具，或配十具，合成十二具。"①

　　《照像器》也对暗匣有所介绍，略云：平常所用暗匣，只"能装二干片，过二片即须于暗房另装新片，如在露天欲多照数片，殊觉不便，故须特备多装干片之暗匣。"图 6－2－31、6－2－32 为装六片之暗匣，"于露天用之，每照一片，则留于后半，可再照次片至六片，照完则携回显影，比常用之双片暗匣更便。"②

图 6－2－31　　　　图 6－2－32

三、摄影技术的发展

　　摄影是通过镜头会聚光线，将景物投影在胶片上，通过冲洗、印放的制作过程得到与实物相同的影像，兼及光学和化学理论和技术。《商务报》有文曰："论照像一事，本系光、化两学而生。无光枢聚于镜顶，不能成影；无化学药料相惑，不能显然其迹，留于纸面。照像虽为薄技，而能胜于笔墨传

① 杜就田：《摄影术发明之略史及现今之方法》，载《东方杂志》1911 年第 8 卷第 5 期。
② 《格致释器：第七部：照像器》，载《格致汇编》1891 年第 6 卷夏。

神之速捷，更能放大缩小，实较绘画尤便。"① 《写真术》曰：
摄影"一用透镜而集外物之光线者，是以光线对透镜之光学
现象为基础者也；一以映像反映于感光剂而记录之，是以光
线对药剂之化学现象为基础者也。有此二者，而写真一术于
是乎成。"② 《学海》有文也曰："照像末技也，而理化之奥义
存焉。……讲求照像者，既不可无化学之知识，又不可缺光
学之研究。"③

就光学角度而言，摄影依循凸透镜成像原理，即来自物
体的光经过凸透镜后，在胶卷上形成一个缩小、倒立的实像。
从化学角度而言，摄影从定影到显影皆依托于化学感光材料。
摄影技术不仅随着照相机制作技术的改进而改进，而且随着
感光材料的发明和改进而不断提高。

一般认为，德国学者舒尔茨（Johann Heinrich Schultz,
1687—1744）率先利用银化合物光化学反应原理进行制作图
像实验的。1777 年，瑞典学者席勒（Carl Wilhelm Scheele,
1742—1786）用被棱镜分解成不同色光的太阳光照射在涂有
氯化银的纸上，结果发现感光力量最强的是青蓝色光部分。
这是首次进行的太阳光与氯化银之间关系的学术研究，也可
以说是照相感光理论的创始。其后经尼埃普斯、达盖尔、泰
尔鲍脱、阿切尔等学者的努力，感光技术和材料逐渐走向成
熟，摄影由此成为一门重要的成像技术。《万国公报》述及这

① 《实业：照像指南》，载《商务报》（北京）1904 年第 33 期。
② 肖生：《写真术》，载《理学杂志》1906 年第 1 期。
③ 朱炳文：《照像光学之大要》，载《学海》（乙编）1908 年第 1 卷第 2 期。

一史实曰：

"照相一法，为瑞典人希力所创。以西历考之，在中国乾隆四十一年，始犹粗而不精，厥后格致之士触类引申，而体用兼备，有阴阳干湿、照石照木、冶铁刻钢诸法，虽技艺之末而其用不穷。"①

此段论述虽然失之简略，但点出席勒（希力）在摄影史上所处地位。相较而言，《东方杂志》对摄影技术史的回溯更为详细，其中着重介绍了尼埃普斯和达盖尔的生平及贡献，大略曰：

"摄影术（Photography）系法人尼普斯及达开尔两氏所发明，距今八九十年矣。……法人尼普斯（niepce）欲以暗箱……中所现之影，摄之他物上，试验多日，至一八二六年，渐得其法。取土沥青溶于拉芬佗（Lavendor）油，涂于金属板面，使感受暗箱内所显之影；后以石油与拉芬佗油之混合物洗之，感光处质已变化，不能洗脱。他部之不见光者，皆被石油等溶去。更浸以酸类及他种药水内，而金属板上即现影像，与暗箱中所现之像相同。……尼氏秘其制法，靳于发表，但述摄影术之功用而已。……当时法国又有努力研究摄影术者，即达开尔（Daguerre）氏也。氏以善书画著名，……尝因绘画取形，难肖实物，思欲考求摄影之法，辅助画理，实验多方，迄无功效。……达氏闻尼普斯已得其法，倩人介绍，乞授其术，屡请不许，遂出热诚固请之。于一八

---

① 《杂言：照相说》，载《万国公报》1878 年第 512 期。

二九年十二月五日，尼氏始允授其法，二人共相研究。越四年，尼氏化去，达氏继续考求。一日，偶以感影之像片置于暗室，翌朝检之，不料影像格外明显。见而大异，再三考查，后知像片近旁，有蒸发水银气之处，像片附有水银蒸气故焉。盖达氏之像片，原为纯银所制之薄板，先在暗室内熏以碘气，使化生碘化银一层，迨纳入暗箱，摄取物影，其感光部将碘化银中之银质还原而析出，一遇水银蒸汽，现像愈清。此后竟以水银气为显影之剂，愈加详求，则制法愈精，而影像可久留不灭。在一八三九年二月六日，法皇赐以奖赏，令其以所得之术，普告大众。世人称其术曰达氏法。"①

此所谓"尼普斯""达开尔"即法国发明家尼埃普斯和达盖尔，二人为合作者，图6-3-1为二者的肖像。

像肖氏尔開達　　　像肖氏斯普尼

图6-3-1

图片来源：杜就田：《摄影术发明之略史及现今之方法》，载《东方杂志》1911年第8卷第4期。

---

① 杜就田：《摄影术发明之略史及现今之方法》，载《东方杂志》1911年第8卷第4期。

尼埃普斯很早就致力于通过感光材料保存影像的实验，并在1826年拍摄了世界上第一张永久保存的照片。其制作工艺是：先在金属板上敷上一层薄沥青，然后将其置于照相暗盒内，用以拍摄下窗外的景色，曝光时间长达八小时，最后通过石油和熏衣草油混合剂的冲洗，"金属板上即现影像"。此所谓"拉芬佗油"即薰衣草油。尼埃普斯去世后，达盖尔继续考求摄影之法，最终于1839年宣布发明"银版摄影术"。同年，法国政府购买了这一专利，并命名"达盖尔法摄影术"。这一技术的基本流程是：先以碘蒸气熏制出具有感光特性的碘化银版，然后在"暗箱"内将银版曝光，复以水银蒸气熏染被曝光银版，其曝光处便产生影像。图6-3-2为尼埃普斯和达盖尔所摄照片。

尼埃普斯所摄照片　　　　　达盖尔所摄"巴黎市院街"

图6-3-2

此外，《中国教会新报》所载《照相三法》也提及"达盖尔银版摄影术"。其文述其工艺曰：

"照相三法，一用布，一用纸，一用玻璃。用布者，英国它拔氏于耶稣一千八百三十九年时，始以西国布纸蘸淡盐水晒干，复涂硝强银水。涂时于暗室用灯，不见光日，将布纸火上烘干，随用画或树叶置其上，置于透光不见日之房，经一刻时候，画像即呈于布纸上，再蘸生盐水一次于其上，则永不变。"①

此所谓"它拔氏"，即达盖尔。该文以其为英国人，有误，但道出达盖尔发明"银版摄影术"这一事实。

达盖尔摄影法虽然是"摄影史上最早的具有实用价值的摄影法"，但其感光度很低，感光时间往往需要几十分钟，不便于用，因此其后又有学者致力于摄影术的改进。《摄影术》述其梗概，其中提及美国发明家德雷帕、法国物理学家菲佐、英国化学家塔尔波特、戈达德等人的贡献：

"达氏法宣布后，即流传各地，唯其法尚不能摄取人相。美国纽约陶赖褒（Draper）氏宗尼氏法，始为人物之摄影。至一八四〇年，高达特（Goddard）氏用碘溴两原质之蒸气，而药片之感光更速。越八年，达开尔氏应用其理，参以己法，

① 《照相三法》，载《中国教会新报》1870年第82期。

作感光药片之改良法。斐沙（Fizeau）氏又创绿化金之调色法（通称镀金法），使摄影更能持久而悦目。后有学者发明种种新法，较为巧妙，奏效亦甚迅速，达氏法渐将废弃。……摄影术虽创于法国，在英人亦多研究之者。曾有韬尔保（Fox Talbot）氏在一八三四年，……得一印像法。先以厚纸浸于食盐水，更浮于硝酸银溶液上，使纸面感生绿化银，置暗处阴干，上置画片，曝于日光，去其画片，即得白色图影。定其影，谓之阴像。更以阴像，照前法翻印之，则得阳像。研究七年，改良此法而得美丽之影像，名曰揩维泰拨（Calotype）。揩维泰拨为希腊语，含美丽之意义。此法先以硝酸银涂于纸，干之，复浸入溴化加里液，使成溴化银。更涂以硝酸银与醋酸及没食子酸之混合物，使增其感光性，为摄影用之药纸。制此药纸，须在暗室中，摄影时，纳入暗箱，摄取其影。迨药纸感光后，即以硝酸银与醋酸及没食子酸之混合液，显其影像。洗以清水，再用次亚硫酸曹达液安定其影即得。查硝酸银与醋酸及没食子酸之混合液之显影法，实为利德（Rex. T. B. Reade）氏使用日光显微镜时偶然考得，但其法不公于世。故常人多以为韬氏所发明也。"①

　　此所谓"陶赖褒"，即美国物理学家德雷帕（John William Draper，1811—1882），由其拍摄的《青蛙血球》系首幅显微摄影图片，开创了医学摄影先河。"高达特"即英国化学家戈达德（John Frederick Goddard，1795—1866）。他发现在

---

① 杜就田：《摄影术发明之略史及现今之方法》，载《东方杂志》1911年第8卷第4期。

达盖尔银版中掺入溴成分后，其感光力更强。"斐沙"即法国物理学家菲佐（Armand Hipplyte Louis Fizeau，1819—1896），他发明了氯化金调色法，使照片显影效果更加持久。"韬尔保"即英国化学家塔尔波特（William Henry Fox Talbot，1800—1877），其在摄影方面的主要贡献是于 1834 年发明"负—正照相工艺"。这一工艺由负片制作和正片制作两个流程组成，基本制作程序是：首先将纸片浸于氯化钠溶液中，取出晾干后再用硝酸银溶液浸泡，从而使纸片上的氯化钠与硝酸银发生化学反应，生成具有感光作用的氯化银；其次将这张经过晾干的可感光的纸片放入相机中进行拍摄，曝光后，再用氯化钠溶液定影，便得到一幅明暗与实物相反的负片。最后，将这张负片与另外未经过曝光的感光纸叠放，经过充分曝光后经定影即可得到明暗与方向和实物相同的照片，即正片。其后塔尔波特又对这一工艺进行改良，于 1841 年正式发布，此即著名的"卡罗式摄影法"。文中所谓"阴像"和"阳像"即负片和正片，见图 6－3－3；"揩维泰拨"即卡罗式摄影法（Calotype），又称塔尔博特法，其名源于希腊文中"美丽的"与"印象"二字。"利德"即英国教士、业余科学家瑞德（Joseph Bancroft Reade，1801—1870），他先于塔尔波特发现没食子酸（gallic acid）显影法，是潜像理论的发现者。

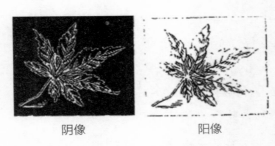

阴像   阳像

图 6 – 3 – 3

图片来源：杜就田：《摄影术发明之略史及现今之方法》，载《东方杂志》1911 年第 8 卷第 4 期。

"卡罗式摄影法"虽较"达盖尔摄影法"为优，但其感光度仍不够高，因此改良感光材料便成为提高摄影技术的关键。1851 年，英国雕刻家阿切尔（Frederick Scott Archer，1813—1857）发明了"火棉胶摄影法"。火棉胶是将火棉（硝化纤维）溶于酒精（乙醇）和乙醚之中所产生的一种胶状的乳剂，为良好的感光材料胶合剂。这一摄影法的基本流程是：（1）在火胶棉内加入碘化钾，制成碘化胶棉；（2）将经过充分研磨的碘化胶棉均匀地涂在透明玻璃板上；（3）把它浸入硝酸银溶液中形成碘化银晶体，使之具备感光性能；（4）从溶液中取出玻璃板，直接放入暗箱摄影；（5）在硫酸亚铁或焦性没食子酸溶液中显影；（6）用氰酸钾或大苏打定影，制成玻璃负片，再将其引到蛋纸上，即制成正片。火胶棉摄影法的最大优点是，它能拍摄出像达盖尔式摄影法那样清晰的影像，而成本却不到达盖尔式摄影法的 1/10。同时，它像塔尔波特式摄影法那样，能进行反复印制，而影像质量却远比塔尔波特摄影法精细。

因此，"火棉胶摄影法"很快取代先前的摄影术，在全球流行长达 30 年。《摄影术》述其操作程序曰：

"先将玻璃片擦摩清洁，涂蛋白一层，更以碘化镉、溴化镉及碘化铔混合于哥路弟恩之酒精以脱液中。以此溶液更注于已涂蛋白之玻片上，使成薄膜，待以脱蒸散，药片即干燥。当摄影时，将前制之药片，携入暗室，再浸于硝酸银之液内，使增感光性，纳入贮藏药片之暗匣，以暗箱摄取影像。此法虽与韬尔保氏所发明者相同，但其配合药物之法，略有差异，且摄影时亦能减短时间。当干片未曾发明以前，摄影者皆用此法也。"①

此所谓"哥路弟恩"即火棉胶（collodion）。因火棉胶片只有在湿润状态下才能感光，故"火棉胶摄影法"又名"湿板摄影法"。火棉胶虽然"制价低廉"，但其"制法繁杂"，且不便于携带，故后来有人又研制出干版摄影法。《摄影术》述及干片感光材料研制情况曰：

"摄影用湿片，携带不便，因此欲发明干片之制法者不乏其人。法人高滇（Gaudin）氏在一八五四年五月发明一种新式干片；同时有英人摸挨海特（G. R. Muiahead）氏亦发明其一种。其制法及功效以叨披诺（Dr. T Taupenot）氏为其嚆矢。……叨披诺氏法，即使用哥路弟恩之乳剂者也。法以哥路弟恩涂于玻片而干之，成药膜一层，再浸于略加醋之银盐液中，使药膜含有感光性，后令干燥，其实与湿片法无甚大

---

① 杜就田：《摄影术发明之略史及现今之方法》，载《东方杂志》1911 年第 8 卷第 4 期。

异。后有婆尔登（Bolton）及赛斯（Sayce）氏于一八六四年以含有溴化银之哥路弟恩乳剂涂于玻片而干燥之。厥后虽改其制法，然用哥路弟恩乳剂者甚少，大抵皆用直辣的尼（Gelatine）之乳剂也。……直辣的尼即纯粹之动物胶，一名亚胶。乳剂用直辣的尼之法，为一八七一年梅藤克司（R. L. Maddox）氏所得，然其制法不甚完备，后经甘耐特（R. Keunett）氏改良之，始堪实用，且公其法于世。越七年，彭乃德（C. Bennett）氏就各种实验，将直辣的尼乳剂用温火煮沸，亘七昼夜，其感光性大著。得此法后，所制之干片，摄影愈速。……至一八七九年八月，蒙科文（Van Monckhoven）氏又得一种增加感光性之发明。法以硝酸银溶于猛性之阿摩尼亚与含有溴化钾及碘化钾之直辣的尼液中，制合简易，常人皆能为之，此为阿摩尼亚法。"①

这里作者举出若干干版感光材料发明家。"高滇"即法国人柯罗酊（M. Gaudin），他于1854年制成"柯罗酊干板"，但性能欠佳。"叨披诺"即法国人陶配诺（J. M. Taupenot，1824—1856），他于1855年在火胶棉里加入蛋清，再浸以溴化铵和碘化铵溶液，制成干版火棉胶，使风光摄影更加便利。"梅藤克司"即英国人马多克斯（R. L. Maddox，1816—1907），他于1871年将溴化银与白明胶（动物胶）融合，制成干版明胶。其后再经英人肯耐特（Robert Hatch Kennett，

---

① 杜就田：《摄影术发明之略史及现今之方法》，载《东方杂志》1911年第8卷第4期。

1864—1932）、贝耐特（Charles Bennett，1840—1927）的改良①，干版明胶的制作更加完善，它能将曝光缩短至百分之一秒，且可作长时间的保存。蒙科文（Désiré Charles Emmanuel van Monckhoven，1834—1882）为德国人，他于 1879 年利用氨和含有溴化钾及碘化钾白明胶制成所谓"干版氨胶"。至于摸挨海特、婆尔登、赛斯等之生平，不详。此所谓"直辣的尼"即白明胶，"阿摩尼亚"即氨。

《振华五日大事记》有文则专述干片明胶的制作情况及干版摄影术：

"照像之法乃用银溴与动物胶之混合质，涂于玻璃片上，即所谓干片。置于照像之镜箱中，令外物返来之光映于干片上，次在暗室内以显影水洗之，银即还原而现黑白二种之色。其所映之影，明暗全与外物相反。再以纳二硫盐之液洗之，以去其白色未化之银溴，使玻片之像永定不变。乃以此玻片盖于鸡卵纸上，置日光下晒之，即得与外物相肖之像。银溴为淡黄色之沉淀细末，一与动物胶混合，遇日光即变黑色。……动物胶西名直拉丁，乃以动物之骨或皮合水煮之而得，构成如蛋白形。……鸡卵纸即银硝与动物胶混合而涂于纸上者，其变色之理与干片同。……银硝乃置银于硝强水中化成者，为无色透明之结体。……银溴乃以钾溴加于银硝之溶液中交换化合而成钾硝与银溴之沉淀者也。"②

①　1877 年，贝奈特发现将溴量过剩的乳胶延长时间，会大大提高其感光度，由是制得的明胶乳剂干版，其曝光速度提高到了 1/125 秒。
②　《照像之原理》，载《振华五日大事记》1907 年第 21 期。

这里作者比较准确地概括了干版明胶摄影术的基本程序。此所谓"银溴"即溴化银，"钾溴"即溴化钾，"银硝"即硝酸银，"动物胶"即白明胶（Gelatin）。"纳二硫盐"即二硫化钠。"鸡卵纸"即涂有硝酸银和白明胶混合液的纸张。

《普通学报》更专门介绍了当时流行的几种摄影干片及其显影配方，有谓："近来照像之事，盛行中外，变为雅人乐趣，无地无之。考察新奇，日益进步。名国照相家率以干片代湿片之繁，便于携挈取用。"①

总之，经过长期探索，摄影感光速度愈来愈快。《东方杂志》专门表列了各种感光材料的感光速度：

感光材料	感光速度	感光材料	感光速度
尼埃普斯法	7 小时到 8 小时	湿板火棉胶	10 秒
达盖尔法	30 分钟	干版火棉胶	15 秒
塔尔波特法	23 分钟	干版明胶	1 秒

资料来源：杜就田：《摄影术发明之略史及现今之方法》，载《东方杂志》1911 年第 8 卷第 4 期。

此外，《写真术》也详论感光剂的特性，认为感光剂为"写真术之命脉""画像之光"藉感光膜而生成"画像"。②

值得一提的是，晚清还有人发明了无需感光而成像的摄影技术。《鹭江报》述其事曰："照相必须用光，乃近来愈出愈奇，竟有不可思议者。德国有一照相家，新得一法，不必取光。其法以轻养二水扫于相片底面，即铺以白纸，约数秒

---

① 赵楚惟：《照相显影配方法》，载《普通学报》1902 年第 5 期。
② 肖生：《写真术》（续），载《理学杂志》1906 年第 3 期。

钟，将纸离开，另以青礬水浸之，其所照之影即成黄色，或用别种药水以代青礬，更可得别种颜色。此相可以历久不变，照相家皆佩服之。"①《政艺通报》也刊载了这一消息。②

诚然，摄影技术的改进并不限于感光材料方面，如表6-1-1所示，不少文献提及其他方面的进展。如《格致新报》所载《五色照相》记述法国学者力勃门的照相新法，"可以将衣饰之颜色，一并照入，不必另用装点"。《时务报》所载《着色照像新法》报道了彩色照相法，"能将十色五光，移至纸上，形影逼真，须眉毕肖。"《知新报》所载《夜间照像》介绍了利用"镁条"燃烧照明，进行夜间照相的方法。《东方杂志》所载《极大照像》记述了美国人发明的"极大照像"器，能将"拿破里海湾城及威苏维火山各种妙景"一并拍下。《格致新报》所载《水底照像》报道了用"铜制电灯"照明，进行水下照像的新闻。《国华报》所载《腹内照像》介绍了"藉电光留影于镜内"的腹腔照像法。《东方杂

---

① 《外国纪事：无光照相》，载《鹭江报》1903 年第 53 期。
② 《无光照像》，载《政艺通报》1903 年第 2 卷第 20 期。

志》还介绍了一种法国新得摄影之法，"能用极速之时"清晰地摄影，其"最大之用，在于天文，如同一圈界内，用旧法摄星影，得星三百五十一颗，新法则能多至六百十九颗。"①《小说月报》介绍了一款意大利人发明的"防盗摄影机""此机可与他物之易被窃者相联接，苟有人置手于此物上，则其一举一动，无不为机所留影云。"②

此外，晚清期刊还对摄影方法予以介绍。如《政艺通报》有文介绍了"可以不用镜而以针孔之小洞为收光点"的摄影新法，其效果"甚为清晰，较用镜更精细工致。"③《东方杂志》有文专门介绍了月光下如何摄影的方法，其中既述及器具、时期的选择，又论及感光度的调整、显影液的配制等事项。④

照相机被誉为人类"最理想的记录影像"的工具。自其"发明以来，大受世人赏用。……欧美人不论贫富，……几为日用之具，不问男女，写真术几为普通之学。"⑤ 据考证，广州可能最早引进照相术。1846 年，湘人周寿昌游历广州时，曾目睹新式"画小照法"，于日记中记其事曰："坐人平台上面，东置一镜，术人从日光中取影，和药少许，涂四周，用镜镶之，不令泄气，有顷须眉衣服毕见，神情酷肖，善画者不如。"其后摄影术逐步传播于国内其他地区，至 1883 年，"照像法中国人皆能之，各省皆有。"⑥ 据考证，1853 年，上

---

① 《丛谈：摄影进步》，载《东方杂志》1905 年第 2 卷第 3 期。
② 《意大利新发明之摄影机》，载《小说月报》1911 年第 2 卷第 1 期。
③ 《不用镜之摄影法》，载《政艺通报》1904 年第 3 卷第 23 期。
④ 杜就田：《月光摄影》，载《东方杂志》1911 年第 8 卷第 9 期。
⑤ 志群：《普通写真术》，载《女子世界》（上海）1905 年第 2 卷第 3 期。
⑥ 周寿昌：《思益堂集》卷九，载中华书局 1987 年版，第 198 页。

海出现了中国第一家营业性照相馆，即丽昌照相馆。时人王韬咏曰："添毫栩栩妙传神，药物能灵影亦新。镜里蛾眉如解语，胜从壁上唤真真。"[1] 据统计，19 世纪 80 年代，上海的照相馆已达数十家之多。[2]《点石斋画报》评照相术曰："自泰西照相之术盛行于中国，不论人物、草木、楼台、殿阁皆可尽纳于尺幅之中，纤毫毕现，盖其究心于光学也精矣。"[3]《万国公报》有文曾力赞照相术之神奇妙用，大略曰：

"古之攻画者，纵极力描摹，而终难逼肖，自照影起，而泰西画片活泼如生。……夫照相之设，非无益之事也，西人尝论之矣。曰：欲卧游也，可以览寰宇之大观；欲觌面也，可以观各国之君像。天涯故旧，咸可邮知其音容；海角严慈，亦可亲承其色笑。人君高拱深宫，岂能遍历斯土，举凡宇宙所有，无不可入画图，加以显微镜窥之，恍若亲临其地，则深宫端拱，可作游览想矣。至官民有此，亦足以扩见闻而资多识，如游美景，小焉者耳。西国每遇狱囚蒙宥，必照其像而存储案牍，倘怙恶不悛，再犯则易于缉访矣。至极大之用，则在照字如印版然，名人笔迹照成，神气宛然。近有人因照影之不能别五色，终未尽善，意欲用药数种，令感光成景时，各色俱留，无须润饰。其法若成人巧，已极照影之益。此类是已，岂徒指点娉婷之影、品题窈窕之容，而栩栩然矜为意中人哉。夫貌之妍媸，固非人力所能转移，而照则不然。癞

---

①　王韬：《瀛壖杂志》，上海古籍出版社 1989 年版，第 122 页。
②　上海摄影家协会、上海大学文学院编：《上海摄影史》，上海人民美术出版社 1992 年版，第 3 页。
③　何元俊绘：《映照志奇》，《点石斋画报》1898 年贞八。

麻满面者，可以调停其间，掩其丑态，增其丰神，顿令恶人化为西子，而仍不失本来面目也。欲知其妙者，曷勿购西士所译《脱影奇观》而细阅之乎？"①

此所谓《脱影奇观》，为我国出版的"第一部摄影技术图书"。该书由英国传教士得贞（John Hepburn Dudgeon，1837—1901）译述②，1873 年由京都施医院出版。《中西闻见录》载有该书"原序"，述其译书原委，有曰：施医院内有"聚影匣"，贤士大夫"不以技工之拙，而委我以照影之事，……络绎旁午，终日应答不遑，衷情仄然。因思将脱影之事，译出华文，编次成书，用酬友道。……俾中外之人阅是书者，了然于心目，使其法显明昭著，以公于世，非炫技也，庶可却市井之疑谈。"③ 至宣统年间，北京财政学堂的招考规则规定"各项考生入学考试前，无照相片者概不准考。"这反映了照片在当时已比较普及。

---

① 《杂言：照相说》，载《万国公报》1878 年第 512 期。
② 德贞，英国苏格兰格拉斯哥人。1863 年，受"伦敦会"派遣来华行医传教，参与创办"北京施医院"，爱好摄影，留下不少关于中国的摄影作品。
③ 得贞：《脱影奇观之原序》，载《中西闻见录》1873 年第 9 期。

随着摄影术的传入，摄影不仅以"新闻摄影"形式进入公众视界，而且作为一种生活方式、生活雅趣逐渐融入民众生活并为民众所认知。时人有诗咏照相机曰：

> 一台月镜一玻璃，台上缁衣盖得宜。
>
> 最怕太阳光灼烁，能教造化影参差。
>
> 青山绿水收都尽，白发朱颜照在兹。
>
> 除却天然生气外，浅深极点不差厘。[①]
>
> 传神端不藉丹青，有术能教镜照形。
>
> 赢得玉人怜玉貌，争模小影挂云屏。[②]

随着照相术的输入，作为"营生"的照相业也应运而生。《图画日报》有文称："照相之法，昉自泰西。西人于格致之学最为注意，其摄影则根据光学，其显影定影悉用药水，则又根据化学。比年以来，日益进步，即缩小如累黍，放大至尊丈，无不须眉毕肖。沪上之业照相者，依最近调查，竟达四五十家，可谓盛矣！"[③] 其时，上海还出现了类似摄影协会的"影相会"。《格致汇编》评论其事曰：

"近来照像一事于上海大有兴盛之致，华人、西人以此为业者固自不乏，而以此取业者尤属多多，年复增盛，故办售照像器具、药料亦成一大生意。数年前，寓华西人于上海公设一会，与西国所设者相类，名之曰影相会，在会者凡四十余人。……立影相会者，意欲维持照像取乐之人，尽心考求

---

① 许自立：《诗界蒐罗集·写真器》，载《鹭江报》1904 年第 76 期。
② 海上逐臭夫：《沪北竹枝词》，载《申报》1872 年 5 月 18 日。
③ 《妓女在张园拍照之高兴》，载《图画日报》1909 年第 148 期。

照像理法，互相砥砺，彼此印证，以便会内诸人增广照像与格致学相关之事，并谈论与照像内有关之事；又凡与照像有关之事，会内人可以合办。"①

《申报》曾载有大量出售照相机及照相药水的广告。如1884年11月7日至12月31日，《申报》连续刊登《出卖照相机器药水等》的广告，有谓"本行今有新到照相机器，一切俱全；以及照相药水等，无不全备，如蒙绅商赐顾，价廉而货极佳。"1886年1月29日，《申报》以"新开松茂外国照相行"为题刊登一则照相馆开业的广告，谓"一切机器从外国购来"。同年6月28日，又刊发"南京照相馆"开业的广告，言称其照相术"其快如电"。1887年2月18日，刊登日本铃木照相馆发布的"新设照相馆分馆"的广告。

随着摄影术的推广，新闻摄影也进入公众视界，晚清期刊载有大量反映时事变化的图片新闻，其中有些反映实业建设情况，如《交通官报》以多幅照片报道了京张铁路的落成仪式②；有些反映战事进展情况，如《协和报》用相机连续记录了武昌起义后革命军与清军的交战情况③；有些反映国内教育动态，如图6-3-4为"松江清华女学校摄影"④，图6-3-5为"江苏师范同学会欢送优级本科毕业诸同学北上摄影"⑤，图6-3-6、图6-3-7分别为山东学生夏令营、九

---

① 《影相会说》，载《格致汇编》1891年第2卷夏。
② 《京张铁路落成摄影一至四》《京张铁路落成摄影五至七》，载《交通官报》1909年，第xx期。
③ 《协和报》1911年第2卷第6期。
④ 《女报》1909年第1卷第3期。
⑤ 《江苏师范同学会杂志》1911年第2期。

江冬令营大会摄影①，图5-3-8为中国化学会留欧支会摄影②；有些反映海外社会风情，《小说月报》载"法京巴黎郭外维萨里风景摄影"③，《大同报》载"英国预备空中递送邮件飞行机之摄影"④。如此等等，不一而足。

图 6 - 3 - 4

图 6 - 3 - 5

① 《山东学生夏令会使员摄影》，载《青年》1910 年卷 13 第 11 期；《九江冬令大会武昌文化书院使员摄影》，载《青年》1909 年第 12 卷第 5 期。
② 《中国化学会留欧支会摄影》，载《教育杂志》1910 年第 2 卷第 12 期。
③ 《小说月报》（上海）1911 年第 2 卷第 4 期。
④ 《大同报》（上海）1911 年第 16 卷第 15 期。

SHANTUNG STUDENT CONFERENCE, WEIHSIEN, SEPTEMBER, 1910

图 6 – 3 – 6

BOONE COLLEGE DELEGATION AT YANGTSZE VALLEY CONFERENCE, KIUKIANG, FEB. 1909.

图 6 – 3 – 7

中 国 化 学 会 留 欧 支 会 摄 影

图 6 – 3 – 8

赋诗题像自古为文人雅趣。摄影术传入后，亦不时有人题诗于小照之上，或以自勉，或以抒情，或以明志。如《月月小说》有自题"小像"诗曰：

> 傲骨何嶙峋，惯与世人忤。
>
> 尔志虽高尚，尔遇乃独苦。
>
> 一蹶复再蹶，于尔究何补。
>
> 或因太违俗，转为俗客侮。
>
> 鞭然试一笑，竭力学媚妩。
>
> 从今见路人，路人或与伍。
>
> 还我真面目，壮心达千古。①

《著作林》载题重阳节"游园照"诗四阕：

> 旧日梁园作赋才，菊花时节试新醅。
>
> 酒酣倚槛各无语，风急天高一雁来。
>
> 笑倚高楼百尺高，天风吹酒溅青袍。
>
> 步兵不洒穷途泪，分得元龙一半豪。
>
> 天末白云飞不定，遥遥亲舍梦魂驰。
>
> 才名画饼成何用，风雨重阳又赋诗。
>
> 小聚园林拾坠欢，苍茫身世感无端。
>
> 且凭摄影留鸿雪，一样相思两地看。②

---

① 《以西洋摄影法摄得小象笑容可掬戏题此章》，载《月月小说》1907 年第 1 卷第 5 期。

② 《戊申重九陪栩园通家遊汇芳园登高小饮並留攝影以志萍痕》，载《著作林》190? 年第 21 期。

《民声丛报》载题"摄影照"诗曰：

随处结因随处缘，与君订好又经年。

沧溟世事闲中影，逆旅风光劫外天。

异国和裳存古昔，神州满地郁烽烟。

何时同遂鲲鹏志，鼓翼扬尘彻大千。①

1900年，《清议报》载"题星洲寓公倚虎高卧摄影小像"诗。星洲为新加坡之别称，星洲寓公是指侨居新加坡的富商邱炜萲。邱炜萲（1874—1941），福建海澄人。虽为商人，但雅好诗文，心存维新报国之志。曾创办《天南新报》，鼓吹维新思想；还曾出任"南洋英属各邦保皇会分会会长"，资助汉口唐才常发动的"勤王起义"。其诗曰：

天南一伟人，酣睡猛虎侧。冒险唱自由，忧时长太息。

瀛台囚圣主，惨淡风云色。草机起英雄，遗恨在湖北。

勤王志未成，冤酷遭挫抑。逆贼势猖披，戒心常怆恻。

惟公振臂呼，烈士奋羽翼。我本一懦夫，敢辞驽蹶力。

星洲上书记，慷慨救君国。以太感同胞，诗酒颂君德。②

该诗作者为"聿亚拉飞"，究系何人，待考。诗文既对光绪帝被囚禁瀛台表示愤慨，又对唐才常勤王事业的失败表示痛惜，同时也赞扬了邱炜萲的义举，表达了作者崇尚自由之情。

1906年，反清革命党人在上海成立竞业学会。学会以

---

① 苏楼：《诗歌：偕壮夫摄影服传装题此诒之》，载《民声丛报》1910年第1期。
② 聿亚拉飞：《奉题星洲寓公倚虎高卧摄影小像》，载《清议报》1900年第69期。

"对于社会，竞与改良；对于个人，争自濯磨"为宗旨，以
《竞业旬报》为会刊。1909 年，《竞业旬报》载禹臣作《题竞
业学会第一次摄影》诗：

> 无人无我是耶非，云水天涯怅怅晖。
>
> 博得一般忧国泪，不论消瘦不论肥。
>
> 风姿鹤鹤貌融融，各自精神各自雄。
>
> 几度平原费商酌，买丝难绣绣难工。
>
> 同为南北东西客，万里长留爱国魂。
>
> 把酒凭栏一洒泪，凄风苦雨满中原。
>
> 残山剩水安棋局，坠石悬崖着酒杯。
>
> 浩劫未灰心未死，一图麟阁一云台。①

　　在"十里洋场"上海，摄影留念颇为流行。图 6 - 3 - 9
描绘了上海摄影师在洋泾浜桥头拍摄河中人争寻落水洋钱之
情景，其注文曰："自泰西脱影之法行，而随地皆可拍照，
尺幅千里，纤悉靡遗，人巧夺天工，洵非虚语也。沪埠之洋
泾桥，桥河虽不宽阔，而湖水盛涨时舟楫往来颇夥。……有
业照相者，见人头如蚁，携镜箱杂稠人中，拍一照去。丑态
奇形，活跃纸上。"② 图 6 - 3 - 10 描绘了男女合影的新风
尚，其注文曰："拍照之法泰西始，摄影镜中真别致。华人
效之亦甚佳，栩栩欲活得神似。拍照虽无男女分，男女不妨
合一帧，不过留心家内胭脂虎，撕碎如花似玉人。"③ 图 6 -

---

①　禹臣：《题竞业学会第一次摄影》，载《竞业旬报》1909 年第 41 期。

②　吴猷绘《奇形毕露》，载《点石斋画报》1884 年甲五。

③　《营业写真·拍小照》，载《画图新报》1909 年第 267 期。

3-11 描绘了富绅之家为其子弟择偶时专门聘请摄影师而为众女子拍照,以防"雾里看花或多失眼"的场景①。

其时不仅社会上流人士喜欢摄影,甚至连青楼妓女也喜欢留下"倩影一帧,馈赠所欢,既含情脉脉,又不失为最好的广告。"② 1876 年,李默庵在《申江杂咏·照相楼》中描写了嫖客争相购买艺妓照片的情景:"显微摄影唤真真,较胜丹青妙入神。客为探春争购取,要凭图画仿佳人。"③ 1909 年,《图画日报》有文称:"自泰西摄影法盛行后,妓女莫不摄有小影,而尤好以所摄小影赠客。"④ 图 6-3-12 为上海名妓花元春"小照"⑤。图 6-3-13 为《图画日报》所载妓女摄影场景,其注文曰:"每当春秋佳日,青楼中人喜至张园摄影,取其风景优胜,足以贻寄情人,视为普通赠品。"⑥ 故时人戏作"新四季相思调"以为"若辈传神"。其调曰:

春季里相思艳阳天,我的郎呀作客在天边。拍一个照儿寄郎看,手执兰花朵朵鲜。郎呀请看奴的雪白脸,可比去年圆。

夏季里相思荷花儿香,我的郎呀作客在他乡。拍一个照儿寄郎看,手携小扇独乘凉。郎呀请看奴的小身样,可比去

① 明甫绘《评花韵事》,载《点石斋画报》1898 年贞十。
② 张伟:《沪渎旧影》,上海辞书出版社 2002 年版,第 31 页。
③ 顾柄权编著《上海洋场竹枝词》,上海书店出版社 1996 年版,第 76 页。
④ 《妓女赠客小照之用意》,载《图画日报》1909 年第 138 期。
⑤ 《上海妓女花元春小影》,载《小说月报》1910 年临时增刊。
⑥ 《妓女在张园拍照之高兴》,载《图画日报》1909 年第 148 期。

年长。

秋季里相思桂香飘，我的郎呀相隔路迢遥。拍一个照儿寄郎看，蟾宫仙子比苗条。郎呀请看奴的面庞色，可比去年娇。

冬季里相思腊梅开，我的郎呀作客不回来。拍一个照儿寄郎看，无言斜倚一枝梅。郎呀请看奴的新姿态，可许中花魁。①

由上可见，摄影在晚清已成为国人借以自励、抒情、言志、留念的素材。这足以说明，摄影已走进国人的生活，并得到比较广泛的传播。

图 6 - 3 - 9

① 《妓女在张园拍照之高兴》，载《图画日报》1909 年第 148 期。

图 6 - 3 - 10

图 6 - 3 - 11

上海妓女花元春小影上為示時攝影
下為客申戲倒制時攝影

图 6 - 3 - 12

图 6 - 3 - 13

第七章　幻灯机与电影

　　幻灯机和电影机是近代发明的两种重要影像播放设备，二者虽然性能不同，但皆利用凸透镜成倒立、放大实像的原理制成，在社会文化领域影响甚巨。晚清期刊对这两种新式娱乐工具皆有载述，一定程度反映了其在华传布情况。

一、幻灯机

　　幻灯机是一种能够将图片或实物放大而投射到屏幕上的光学仪器，晚清一般将其称为"影戏灯"。《格致汇编》有文曰："影戏灯者，西国之剧具也，能将画影射于墙壁或屏帷之上，放大若干倍，使人观之怡神悦目，故此名也。"① 笔者对《晚清期刊全文数据库》进行检索，其题名中含"影戏"一词的篇目总计 10 篇，详见表 7 – 1 – 1。《中西闻见录》所载《镜影灯说》一文②，亦是晚清期刊中介绍幻灯机知识的重要文献。该文由英国传教士德贞撰写，比较系统地阐述了幻灯

---

① 《影戏灯》，载《格致汇编》1881 年第 4 卷第 10 期。
② 德贞：《镜影灯说》，载《中西闻见录》1872 年第 9 – 12 期。

机的构造、种类和使用方法。

表 7 - 1 - 1　　"影戏灯"篇目题名

序号	题名	出处	著译者
1	题螺影主人山居小影戏效黄山谷体	《益闻录》1880 年第 80 期	乐平子
2	影戏灯：参录中西闻见录	《格致汇编》1881 年第 4 卷第 10 期	
3	各省新闻：影戏到浔	《湘报》1898 年第 174 期	
4	国外紧要新闻：争观影戏堕楼	《大同报》（上海）1908 年第 8 卷第 25 期	
5	杂录：发声之活动影戏	《数理化学会杂志》1909 年第 1 期	
6	新机器：论影戏机器与留声机器	《万国商业月报》1909 年第 16 期	
7	益智丛录：新电影戏之发明（未完）	《通问报》1911 年第 453 期	
8	益智丛录：新电影戏之发明（续）	《通问报》1911 年第 454 期	
9	新发明之单片活动影戏	《东方杂志》1911 年第 5 期	慕尔登 杨锦森
10	新发明之单片活动影戏：活动影戏单片制法	《东方杂志》1911 年第 5 期	

　　一般认为，幻灯机是由德国犹太籍人、罗马大学教授珂雪（Athanasius Kircher，1602—1680）于 1645 年左右发明的。《镜影灯说》云：南宋理宗三十五年（1259），西人已初创幻灯机，"迨前明中叶，西国复有造者，其人卒于穆宗隆庆初年，至神宗时亦有人继之。迄本朝乾隆五十四年，斯法尚未

克尽善，其弊多坐灯光之不足。是年有一西国人，独出心裁，另行创造，其灯焰清光盛，法亦较备于先。"① 如是史实，所指如何，待考。

珂雪像

图 7 - 1 - 1

图片来源：Wikipedia, the free encyclopedia

早在康熙年间，西方传教士就将幻灯机传入中国。到清中期，幻灯似已普及于民间。郑复光（1780—？）在《镜镜詅痴》（1846）中专论幻灯机的构造、原理和制作方法。顾禄的《桐桥倚棹录》（1842）也论及幻灯机，有"其法皆传自西洋欧罗巴诸国，今虎丘人皆能为之"之语。晚清时期，幻灯片不仅成为重要的娱乐"戏具"，而且成为一种新型的教学"奇器"。晚清期刊文献主要论及幻灯机的构造和种类。

幻灯机由机身与光学构件组成。前者包括镜箱、镜筒、

① 德贞：《镜影灯说》，载《中西闻见录》1872 年第 9 期。

底盘等部件，后者包括光源、反光镜、聚光镜、放映镜等部件。机身是安装光学构件的装置，光源是用以照射幻灯片的设备，如蜡烛、电灯；反光镜为凹透镜，装于光源后面，能够将光源向后发射的光线反射回来，以提高光能的利用率；聚光镜为平凸透镜，装在光源前面、幻灯片后面，能将光线会聚并均匀地照射在幻灯片上；放映镜为凸透镜，在幻灯片前面，能将幻灯片上的画面放大，并成像于幕布上。《镜影灯说》述及这些部件及其功能曰：

镜箱"用洋铁制就，一面前有一筒，上嵌玻璃凸镜，以收束灯光射线。内置小筒，亦安一镜，以对其聚光点。又在灯后设一凹镜，以使其光映射返照，而前光益加明朗。大镜前有隙，可置木版玻璃画一扇，每扇绘做故事四五段，以便观时，随意抽掣改移。匣之四周，皆饰以漆，令灯光不透于外。木版上有小轮，一经推转，匣中人物之影，射于屏上者，能动转如生。人从而窥之，万象毕呈，应接不暇，洵可怡神悦目也。其法或照于壁上，或照于屏帷，俱可"[1]。

《格致汇编》有文介绍一款"双灯"式影戏灯，其形如图7-1-2，其构造如下：

"灯箱上有烟囱，曲折而上，一面有镜筒伸出，中置玻璃镜数枚。筒后端系单面凸透镜[2]，经约一寸半至三寸。此镜之前，有双面凸镜，约三寸至四寸半，而筒口则置放大之镜，筒体为数节，贯套而成，上有螺丝，可以掀送，使其能伸能

---

① 德贞：《镜影灯说》，载《中西闻见录》1872年第9期。
② 按幻灯机的构造，位于后端之透镜应为凹透镜，此处作凸透镜，疑系排印有误。

缩，以便对准光心。在筒之后端，有缝隙可置画图于内，有
簧压紧。灯箱之后面有门，司以启闭。箱之外面，俱漆
黑色。"①

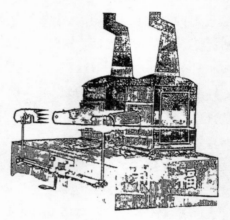

图 7-1-2

《万国商业月报》亦述及幻灯机的构造，谓："影戏机器
之制，为一长形盒式，中藏电灯，灯前有凸镜，适与照相镜
相反。照像镜以大缩小，彼则以小放大。灯前复有漕，将片
彩画于玻璃上。灯光射于背，而彩片现于前之布幔上，则即
形神活现矣。"②《理化学初步讲义》同样概述了这一构造，
大略曰：影戏灯又名幻灯，其构造如图 7-1-3 所示。"置灯
于反光镜之焦点，使其反射之光，通过透镜，而射于画片之
上；又以凸透镜置画片前，受其所映之像，而扩大之，射于
布幕，则成显明之倒像。欲得正像，即倒置画片可也。"③

---

① 《影戏灯》，载《格致汇编》1881 年第 4 卷第 10 期。
② 《新机器：论影戏机器与留声机器》，载《万国商业月报》1909 年第 16 期。
③ 钟观光、陈学郢：《理化学初步讲义》，载《师范讲义》1910 年第 2 期。

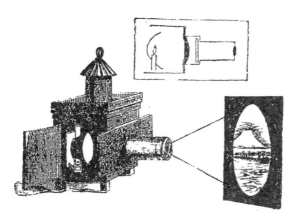

图 7 - 1 - 3

　　以上所述虽然略有差异，但皆论及光源、反光镜、聚光镜、放映镜等主要光学部件和成像过程。

　　幻灯机是利用凸透镜成倒立、放大实像的原理制成的。幻灯机的放映镜头相当于一块凸透镜，其作用是将幻灯片在幕布上投射成一个放大的、倒立的实像。物体距凸透镜愈近，成像越大，反之亦然；镜头距幕布愈近，成像愈大，反之亦然。《镜影灯说》述及这一原理曰：

　　"其灯制大约用一凸镜，前安小方木板，中嵌玻片，上绘天文、地理、人物以及鸟兽，并昆虫各等类，镜后燃灯，俾灯光射线，由镜而传于画，画中微细之物，射影于屏则甚巨。……设将屏帷后移，则所照之影小，前移则所照之影巨。灯距屏远，其影必小，较近其影必巨。最要者，无论影之远近巨小，镜光务须对准，否则不能真切。大抵影愈远愈小则愈明，愈近愈巨则愈昧。"①

就功能而论，幻灯机可以显示细微物影，也可以展现、幻化各色图景。《镜影灯说》介绍了六种幻灯机：一为"显微镜影灯"，其构造是在普通幻灯机上加置显微镜，借以显示"细微绝小之物影"。二为"万花镜影灯"，其构造是在幻灯机前端"安嵌"万花筒，"以作剧观"。三是"幻化影灯"，其构造是在灯箱内装设两个光源，通过光源变换，可令"寒暑迭更，昼夜互变，明晦阴晴，风云顿改，令人见之，应变无穷，足以豁观者之心目耳"。四是"三棱折光幻化影灯"，呈八角式，其镜筒前端安置三棱玻璃一条，可令"折光映射于屏幔上"。五是"二气阴阳灯"，其器有两镜筒，能通过"阴阳之光"映射物影于屏幔上。六是"巫觋幻化影灯"，能将隐身台下者的身影映射于台上，"作假如真"，变化无穷。②

幻灯机的成像不仅取决于透镜，也与光源的强弱、幻灯片的质量有关。早期幻灯机的光源为蜡烛，后来随着照明技术的改进，汽灯、电灯成为幻灯机的光源。《镜影灯说》谓幻灯机有三种光源：油灯、"养气石精"灯和"养气轻气"灯，并阐述了"养气石精"灯和"养气轻气"灯的制造方法。③"养气石精"灯和"养气轻气"等皆为电石灯，前者由养气和生石灰制成，后者由养气、轻气和生石灰制成。此所谓"养气""轻气"即氧气、氢气，"石精"即生石灰。《镜影灯

---

① 德贞：《镜影灯说》，载《中西闻见录》1872 年第 9 期。
② 德贞：《镜影灯说》（续），载《中西闻见录》1872 年第 12 期。
③ 德贞：《养气石精之光》（《镜影灯说》续稿），载《中西闻见录》1872 年第 10 期；德贞：《二气灯之光》（《镜影灯说》续稿），载《中西闻见录》1872 年第 11 期。

说》也述及幻灯片的形制，谓幻灯片"画片"和"照片"之别，"画片乃用明漆调色，画于玻璃之上"，照片为"照成之影片"，主要有两种："一乃所照之山川丘壑，一乃抄照古今名人之画片。"①《格致汇编》所载《影戏灯》对幻灯机的光源和幻灯片也有论述，其内容采自《镜影灯说》②。

幻灯机及幻灯技术传入中国后逐渐普及化，至晚清已成为一种重要的大众娱乐形式。《申报》载有不少由上海"戏院"发布的"影戏"广告。如1875年3月19日，刊出金桂轩将上映"法商演戏"信息③；3月23日，又刊发美国商人"现借大马路富春茶园"播放影戏的广告④。值得一提的是，《申报》还载有一些"幻灯观后记"，略可反映时人对幻灯片看法。如1875年3月26日所载《观演影戏记》曰：

乙亥正月，有英法诸商借金桂、丹桂两戏园播放影戏，作者与客前往丹桂园"以观其技"，因照明不善，"惟觉一片模糊，毫无生趣。"后在"望夕月"再去观看，则觉妙趣横生，"或崇岭峻山，如入山阴之道；或重楼复阁，如规建章之宫。或如电光闪烁，雨点欹斜；或如冰结阴山，雪凝游海。他若飞鸟投林，游鱼入水，舟行海角，月映波心，亦不胜枚举""真莫测其底蕴"！⑤

同年5月1日所载《西洋影戏》在介绍了幻灯片的播

<hr>

① 德贞：《二气灯之光》（《镜影灯说》续稿），载《中西闻见录》1872年第11期。
② 《影戏灯》，载《格致汇编》1881年第4卷第10期。
③ 《金桂轩新到法商演戏》，载《申报》1875年3月19日。
④ 《美商发伦现借大马路富春茶园演术》，载《申报》1875年3月23日。
⑤ 吟啸隐篁士：《观演影戏记》，载《申报》1875年3月26日。

放形式后，评其妙处曰："其戏片多运以机巧，可以拨动，故有左右转顾者，上下其手者，无不伸缩自如，倏坐倏立，忽隐忽现，变动异常。……种种用物俱极精巧，难以缕述，并有中国、东洋诸戏与本埠各戏园所演无异，其中景象逼视皆真，惟是影里乾坤，幻中之幻，殊令人叹，可望不可即耳。"①

　　幻灯不仅可以用于娱乐，亦且可以用于教学。1898 年 3 月 29 日，上海格致书院聘请约翰书院西教习李思"用影戏灯演讲天文事理，供人观听"②；4 月 5 日，又邀请舒德卿"用影戏灯演讲全体之学，与众听闻"③；4 月 12 日、19 日、26 日，又分别邀请传教士舒德卿、衡特立、李提摩太到院演讲。④

　　由于幻灯具有商业价值，故时人曾借其筹资助赈。1885 年 11—12 月，华人牧师颜永京⑤在上海格致书院举办其"环球旅行幻灯放映会"，以筹集赈灾款项，为此特在《申报》连续刊发演出广告。如 1885 年 12 月 3—5 日，刊登《续演影戏助赈》广告；12 月 7 日，刊发《再演影戏集资助赈》广告，17 日又发《再演影戏助赈》广告，27 日复发《影戏又演》

　　①　《西洋影戏》，载《申报》1875 年 5 月 1 日。
　　②　《格致书院演讲西学启》，载《申报》1898 年 3 月 29 日。
　　③　《格致书院演讲西学启》，载《申报》1898 年 4 月 5 日。
　　④　《格致书院演讲西学启》，载《申报》1898 年 4 月 12 日、4 月 19 日、4 月 26 日。
　　⑤　颜永京（1839—1898），字拥经，祖籍山东省，出生于上海。中国基督教圣公会早期的华人牧师之一，武昌文华书院和上海圣约翰书院的开创者之一。曾将美国学者海文（Joseph Haven）的心理学著作《心灵学》译成中文，被视为将西方心理学介绍到中国的第一人。

助赈广告，等等。时人观看幻灯片后，作《观影戏记》以记其事曰：

"堂上灯烛辉煌，无殊白昼，颜君方偕吴君虹玉安置机器，跋来报往，趾不能停。其机器式四方，高三四尺，上有一烟囱，中置小灯一盏，安置小方桌上，正对堂上屏风。屏上悬洁白洋布一副，大小与屏齐。少迟，灯忽灭，如处漆室中，昏黑不见一物。颜君立机器旁，一经点拨，忽布上现一圆形，光耀如月，一美人捧长方牌，上书"群贤毕集"四字，含睇宜笑，婉转如生。泊美人过，而又一天官出，绛袍乌帽，奕奕有神，所捧之牌与美人无异，惟字则易为"中外同庆"矣。由是而现一圆球，由是而现一平地球。颜君俱口讲指画，不惮纷烦，人皆屏息以听，无敢哗者。"①

关于颜永京发起这场幻灯播映的内容，《点石斋画报》曾绘图 16 幅予以传留，其中谓：颜永京在格致书院"出其遍历海外各国名胜画片为影戏""图凡一百数十幅，颜君一一指示曰：某山也，某水也，某洲之某国，某国之某埠也，形形色色，一瞬万变，不能编记，而亦不尽遗忘，凡足以恢眼界资学识者，斟酌去留，得图十有六。"②。图 7－1－4 为《点石斋画面》所绘观看"影戏"画面之一。由此可见，幻灯在晚清已成为一种重要的传媒工具。

---

① 《观影戏记》，载《申报》1885 年 11 月 23 日。
② 吴友如绘《影戏助赈》，载《点石斋画报》1886 年己六。

图 7 - 1 - 4

图片来源：吴友如绘《影戏同观》，载《点石斋画报》1886 年己六。

二、电影

幻灯虽能使人怡神悦目，但缺乏动感。1895 年，一种能够活动的"影戏灯"在巴黎问世，此即电影。电影虽然可以溯源于摄影术和放映术的发明，但其正式产生是以法国奥古斯特·卢米埃尔（Auguste Marie Nicolas Lumière，1862—1954）和路易·卢米埃尔兄弟（Louis Jean Lumiere，1864—1948）于 1895 年发明"活动电影机"为标志的。

卢米埃尔兄弟像

图 7 - 2 - 1

图片来源：Wikipedia，the free encyclopedia

　　电影机主要由输片、光学、还音和传动等部件构成，其中光学部件包括放映灯泡、反光碗、聚光镜和放映镜等，其光学原理略同于幻灯机，所谓"活动影戏与影灯，新旧虽不同，其理则。"① 笔者未见晚清期刊文献对电影机的构造与原理予以比较详细的介绍，《万国商业月报》有文谓其形式与幻灯机相仿，"其戏片则衔接而成长线，……转动极速，观者不知其画之更易，只见画中人手足灵动，无异生人之舞蹈而已，如演历史，可自始至终，接续不断。此真可谓二十世纪别开生面之作也！"② 《东方杂志》有文介绍了电影胶片的制法及"影戏活动"原理，大略谓："活动影戏卷片之所以状似活动

---

　　① 《活动影戏滥觞中国与其发明之历史》，《东方杂志》1914 年第十一卷第 6 期。
　　② 《新机器：论影戏机器与留声机器》，载《万国商业月报》1909 年第 16 期。

者，并非片上人物之活动，实则有多片合成一卷，每片写一状态。用片之际，每片之现于白布者，仅一秒钟之千分之一。一片之后，继以一片，人目视之，遂以为片中人物真能活动也。"① 图7-2-2为该文所载电影胶片。

活动影戏单片制法

图7-2-2

电影产生之初为无声电影。1910年，美国发明家爱迪生研制出有声电影，观众既能观看画面，又能同时听到剧中人的对白、旁白及配乐。《通问报》有文述及爱迪生的这项发明，略曰：爱迪生近日"发明影戏中能唱之法，与俳优之唱动无异。人必疑其于电影戏中，附加留声机器，其实不然。氏之发明此法，乃最新奇，当开幕试演时，剧中有一人，怒掷其桌上之菜碟，触墙砰然作声，闻者无不惊奇"②。

据《申报》记载，1896年8月11日，法人在上海徐园"又一村"茶楼播放"西洋影戏"。影片虽然是"穿插在戏法、焰火、文虎等一些游艺杂耍节目中放映的"③，但中国之

---

① 慕尔登：《新发明之单片活动影戏》，杨锦森译，载《东方杂志》1911年第5期。
② 《新电影戏之发明》，载《通问报》1911年第453期。
③ 程季华主编：《中国电影发展史》（第一卷），中国电影出版社1998年版，第8页。

有电影，或许自此始也①。1897 年，有人作味莼园观看电影记，有曰："上海繁胜甲天下，西来之奇技淫巧几于无美不备"，而"新来电机影戏神乎其技。"② 嗣后，电影逐渐传播于其他省市。如 1897 年，天津法租界"老天丰舞台"开始上映电影短片。1900 年，俄人在哈尔滨建立"皆克斯坦"电影戏院，"生意异常兴盛"。1902 年，有外商租借北京前门的"福寿堂"放映电影。1904 年，成都法资华昌公司为其职员播放"美国活动影戏"。同年，英国公使厄恩斯特·梅逊·萨特爵士进献给慈禧太后一台电影放映机。1908 年，英商在杭州日租界拱宸桥开设茶园，合演"英国美女跳舞大戏、天下第一活动电光影戏、最新发明电气留声大戏"，其演出广告如图 7-2-3 所示。1909 年，福州连江县城关放映"无声电影"。

电影传入中国后，其最初名称有"活动影戏""电光影戏"和"西洋影戏"等。由于电影具有更强的艺术感染力，故一经问世，便很快赢得民众的喜爱。据《申报》载，上海"江南一枝春茶楼"放映电影后，"往观者蜂屯蛾聚，拥挤异常，喧闹之声几如鼎沸"③。《湘报》述及电影传入九江时的情景曰："九江城内，近到美国电光影戏，假化善堂开

---

① 有学者认为，上海徐园"又一村"茶楼播放"西洋影戏"非电影，而是幻灯，理由是直到 1897 年电影发明者卢米埃尔兄弟才开始对外发售其产品，此时徐园主人不可能购得"法国电影机"，徐园购置法国电影机当在 1898 年之后。另有学者认为，电影初到上海的时间为 1897 年 5 月间，首演地点在礼查饭店。［参见唐宏峰：《幻灯与电影的辩证》，载《上海大学学报》（社会科学版）2016 年第 2 期；黄德泉：《电影初到上海考》，《电影艺术》2007 年第 3 期。］

② 《味莼园观影戏记》，载《新闻报》1897 年 6 月 13 日。

③ 《阻演影戏》，载《申报》1998 年 9 月 20 日。

图 7 - 2 - 3

图片来源:《杭州白话报》1908 年第 5 期。

演。……其所演各戏,系用电光照出,无不惟妙惟肖,栩栩
如生。加以留声机器所唱各戏,亦皆音韵调和,娓娓可听,
观者咸称谓闻所未闻,见所未见,莫不鼓掌称奇,直至□鼓
三催,始各兴尽而散"①。《游戏报》有文述观看电影有感,
略曰:

"近有美国电光影戏,制同影灯而奇巧幻出,皆出人意料
之外者。"其中画面"诡异,不可名状。最奇且多者,莫如赛
走自行车,一人自东而来,一人自西而来,迎面一碰,一人
先跌于地,一人急往扶之,亦与俱跌,霎时无数,自行车麇
集,彼此相撞,一一皆跌,观者皆拍手狂笑。……又一为火
轮车,电卷风驰,满屋震眩,如是数转,车轮乍停,上座客

---

① 《各省新闻:影戏到浔》,载《湘报》1898 年第 174 期。

蜂拥而下，左右东西，分头各散，男女纷错，老少异状，不下数千百人，观者方自给不暇，一瞬而灭。……又一为美国之马路，电灯高烛，马车来往如游龙，道旁行人纷纷如织，观者至此，几疑身入其中，无不眉为之飞，色为之舞。忽忽灯光一明，万象俱灭。其他尚多，不能悉记，洵奇观也！观毕而叹曰：天地之间，千变万化，如蜃楼海市，与过影何以异。自电法既创，开古今未有之奇，演造物无穷之秘。如影戏者，数万里在咫尺，不必求缩地之方，千百状而纷呈何殊乎？铸鼎之象，乍隐乍现，人生真梦幻泡影耳，皆可作如是观"①。

《数理化学会杂志》有文评述电影之奇妙曰："活动影戏，集古今东西于一室，巧矣！惜乎所谓声音笑貌者，犹贻其半也。今合留声机器而演，毫无迟速不合，呜呼，今而后可告无憾矣！"②《东方杂志》亦对电影赞誉有加：

"十载以前，吾人观寻常影戏，即啧啧称奇，及见五色影戏，便诧为得未曾有。已而有活动影戏，吾人乃群以不活动之影戏为无甚趣味，甚有至于诋顷闻所诧为得未曾有之五色影戏为呆木，而对于寻常影戏之观感，则更无论矣。通行于世之活动影戏，均以一卷之片，写一事实，随展随动，而人物趋走动作之事，乃一一映射于观者之眼帘。然以单片而表活动情状之影院，则固未有之也。"③

---

① 《观美国影戏记》，载《游戏报》1897年9月5日。
② 《发声之活动影戏》，载《数理化学会杂志》1909年第1期。
③ 慕尔登：《新发明之单片活动影戏》，杨锦森译，载《东方杂志》1911年第5期。

电影的发明，催生了电影业。《东方杂志》述及美国电影业之盛况曰："今美国诸大都会，活动影戏馆每有数十处之多，而寻常城市亦辄有一二十所，即数百家之村落，亦有一二所。如纽约费里特费诸城，晚间行于市街，则数十步必见一活动影戏馆，……洵下流社会所不可少之游戏场也。"[①] 作为晚清"西洋文明的汇聚地"，上海电影业亦呈一时之盛。为了招揽顾客，各"影园"纷纷刊发影讯广告。据统计，1896—1915 年，《申报》约计刊载有关电影讯息的报道 70 余篇。[②] 1898 年，《申报》发布"影戏"广告总计 62 条，广告商为天华茶园、同庆茶园、荣春茶园、华兴花园、寓沪源丰行和徐园；1899、1900 年，又分别发布"影戏"广告 44 条、21 条，广告商有徐园、品升楼、愚园。1908 年，《申报》总共发布电影广告 270 条，其数量为《申报》电影广告历年之最。1909 年，《申报》刊出电影广告 201 条。[③]

为了吸引观众眼球，影讯广告词极力渲染电影之奇妙，如同庆茶园"告白"曰："本园不惜重资，聘请大美国化学机器、电光影戏约数百套，栩栩欲活，耳所未闻，目所未见，诚天下第一奇观也！其声则分外清扬，与人歌唱无异；其像则格外放大，与人舞蹈无殊。听之则五声八音，河调与昆腔迭奏；视之则五光十色，红男与绿女纷呈。此时外洋新制，

---

① 慕尔登：《新发明之单片活动影戏》，杨锦森译，载《东方杂志》1911 年第 5 期。
② 何莲：《〈申报〉里的早期上海电影》（1896—1915 年），复旦大学硕士学位论文，2011 年，第 19 页。
③ 孙慧：《从幻灯到电影：〈申报〉早期影像广告研究》（1872—1913），南京艺术学院博士学位论文，2016 年，第 51 - 59，92，103 页。

初入中国，与前在上海所演影动闪眼者大有大渊之别，欲广
闻见，请早光临。"① 幻仙戏院广告曰："本园由巴黎运来各
种新片，沪上从未演过。五光十色，夺目惊人，奇异巧妙，
无出其右。"② 这意味着电影在晚清已逐步融入上海民众的生
活中。

　　电影"开古今未有之奇，泄造物无穷之秘"③，给晚清国
人以强烈的视觉震撼。但因观众汇聚一处，易于引发寻衅斗
殴、盗窃火灾、伤害风化等事。因此，晚清曾发生禁映电影
之事。如 1906 年，吉林当局以"累生事端"为由禁止奥国和
意国商人在省城放映电影④；同年 11 月，民政部以观看电影
"难免有滋生事端之患"，禁止北京三庆园放映电影⑤；1908
年 10 月，河南地方当局禁止法国人带同土耳其技师在开封放
映电影⑥；1909 年 8 月，上海巡警当局以"男女混杂，有伤
风化"为由，禁止闸北放映电影⑦。1911 年，上海当局规定
"开设电光影戏场，需报领执照"，要求影院不得男女混杂，
不得放映"淫亵之影片"，准许巡警随时查察。⑧ 凡此种种，
说明电影在晚清已成为公众重要娱乐形式。

---

① 《同庆茶园》，载《申报》1898 年 2 月 18 日。
② 《幻仙戏院新发明有音电光影戏广告》，载《申报》1908 年 12 月 4 日。
③ 《观美国影戏记》，载《游戏报》1897 年 9 月 5 日。
④ 《清末吉林省电影放映史料》，载《历史档案》1995 年第 2 期。
⑤ 《拟禁电戏》，载《大公报》1906 年 10 月 29 日。
⑥ 《禁止电光影戏》，载《中外日报》1908 年 10 月 25 日。
⑦ 《演影戏男女混杂》，载《申报》1909 年 8 月 17 日。
⑧ 《准演影戏》，载《申报》1911 年 2 月 11 日。

结　语

　　西学东渐是晚清学术文化转型的桥梁，其中涉及西学传播主体、传播机构、传播媒质、传播内容、传播过程以及受众对象、受众反应等环节。既往研究重于西书移译出版情况的考察，疏于对期刊中西学篇目的梳理，重于西学传播主体、传播机构和传播方式的考察，疏于对所传西学知识的系统性分析。因此，本书选择了通过期刊来考察光学知识的研究理路。

　　综上所述，本书既梳理了晚清期刊中光学篇目的刊载情况，又通过这些篇目分析了光学研究与传播所达到知识程度，由此或可形成如下认识。

　　其一，晚清尚无专门的光学研究期刊，光学知识主要刊载于一些载有物理学知识的期刊中。晚清国内外大约刊行2200 多种中文期刊，其中不低于 90 种期刊载有物理学知识。这些期刊既包括以收载科技知识为主的综合性自然科学期刊，如《格致汇编》《格致新报》《科学世界》《学报》《数理化学会杂志》《理工》《学海》（乙编）等，又包括某些文理综合性期刊，如《六合丛谈》《中西闻见录》《新学报》《新世界学报》《东方杂志》《通学报》《科学一斑》《政艺通报》《师范讲义》等。其中《通学报》《学报》《师范讲义》《数理化学会杂志》《学海》（乙编）等还辟有专门的"物理学栏目"。这些期刊多数创刊于以上海、广州为代表的通商口岸和留学生集聚之区东京，创刊者最初多为外国传教士，后则多为国人。这表明经过西学的长期浸润，中国知识分子逐渐成为科技传播的主力，期刊逐渐发展成为科技传播的重要媒质。

其二，晚清学术文化领域的重大变革是借西学东渐之途逐步实现了从"四部之学"向"七科之学"的转型。所谓"四部之学"是指基于经、史、子、集"四部"典籍而分类的以经史为主要内容的中国传统学术体系，而所谓"七科之学"是指基于文、理、法、医、农、工、商等不同研究门类而划分的现代学术体系。书刊为西学东渐两大重要媒介，据统计，晚清刊印在中国物理教育史上比较有影响的西方物理教科书只有 31 种，其中从欧美译介 17 种，占 54.8%；从日本译介 7 种，占 22.6%；自编 7 种占 22.6%。① 而刊载物理学知识的期刊则不低于 90 种，所载篇目更是成百累千，其有关光学知识虽然比较零散，但总括而言已经涵盖了几何光学、物理光学和光学仪器领域，其中既阐述了光源、光线、光束、光强的特性，光速的测定方法，光的直射、反射和折射定律，平面镜、三棱镜、透镜及其成像原理，又阐述了"光本质"和光谱分析理论，望远镜、显微镜、照相机、幻灯机和电影

---

① 赵长林：《明清西方物理学知识的传播和晚清物理教科书的发展》，载《课程教学研究》2017 年第 6 期。

机等光学仪器的基本构造和原理。这些知识不仅涉及晚清出版的主要光学著作，如《光学须知》（傅兰雅著）、《光学图说》（傅兰雅译）、《光学揭要》（赫士译，朱葆琛述）、《光学入门》（丁韪良译）、《光学测算》（丁韪良著）、《光学》（田大里、西里门辑著，金楷里译，赵元益述）、《格影》（亚克母雷低）、《显微镜远镜说》（傅兰雅著）、《量光力器图说》的基本内容，而且涵盖了当今初等光学的基本内容。若论其不足，或如笔者所见，晚清期刊尚未论及光的干涉、衍射、偏振、双折射现象等物理光学问题。这既表明期刊是晚清光学传播的重要媒质，也意味着作为物理学分支的光学已在晚清比较系统地传入中国，并与同时引入的其他"新学"一道促进了晚清学术文化的转型。因此，清末才能够逐步提出以"七科之学"为蓝本进行学制改革的动议和方案。①

其三，晚清引进西学的主体是传教士、留学生、译员、报人等，期刊的创办者、编辑者及撰稿人亦主要出自这一群体。如《格致汇编》的"核心作者"既包括傅兰雅、艾约瑟、李提摩太、慕维廉、欧礼斐、韦廉臣、卜舫济、狄考文、丁韪良、玛高温等西方传教士，又包括徐寿、徐建寅、赵元益等中国译员；《格致新报》的主要撰稿人有传教士向贾二（爱莲室主人）和译者王显理、陆悦理、王幼庭、朱飞、乐在居侍者、朱维新、张文彬等；《浙江潮》《学报》《科学一斑》

① 肖朗：《中国近代大学学科体系的形成——从"四部之学"到"七科之学"的转型》，载《高等教育研究》2001 年第 6 期；左玉河：《从"四部之学"到"七科之学"——晚清学术分科问题的综合考察》，载《中国社会科学院近代史研究所青年学术论坛》，社会科学文献出版社 2000 年版。

《湖北学生界》《海外丛学录》《学海》《理工》的撰稿者则主要是留学生。由于"风气未开"，晚清诸多期刊尚缺乏稳定的社会稿源，因此其编辑者往往也是主要撰稿人。如《六合丛谈》的主编伟烈亚力，《中西闻见录》的主编丁韪良、艾约瑟、包约翰等，《格致汇编》的主编傅兰雅，《万国公报》的编辑林乐知、慕维廉、李提摩太、沈毓桂、蔡尔康、任廷旭、范祎，《格致新报》编辑王显理、向贾二，《普通学报》《亚泉杂志》主编杜亚泉，既承担编务工作，又是其刊重要撰稿人。如前所述，各表所列光学篇目多数没有署名，这些未署名篇目的作者多为各期刊的编辑者。如《格致汇编》所载无署名文献，主要出自主编傅兰雅及其助手栾学谦之手。①

其四，晚清期刊传播了光学知识，其影响所及、受众反应情况如何，虽无系统的资料予以反映，但从晚清部分期刊的发行情况看，或可略见其一斑。据统计，《六合丛谈》创刊后，每期销量一度高达5000多份，《中西闻见录》每月出版1期，每期刊印1000余份，主要发行于北京地区，天津、上海、杭州、九江等地亦有流传；② 所载科技文献"深受中国上层人士推崇"③。《格致汇编》出版后，先后在国内设立代销点48处，其中华东地区28处，中南地区11处，其他地区9处，成为"沿江、沿海中国人最喜欢的读物之一"。④ 《格致

---

①　王强：《〈格致汇编〉的编者与作者群》，西北大学硕士学位论文，2008年。

②　朱世培：《〈中西闻见录〉研究》，安徽大学硕士学位论文，2013年，第30页。

③　Chinese Recorder, V. 7（Mar – Apr 1976），pp. 150 – 152.

④　王强：《〈格致汇编〉的编者与作者群》，西北大学硕士学位论文，2008年，第6页。

汇编》最初每卷刊印 3000 册，后因销售情况良好，又重印加印。据估算，每册印数少则 6000 册，多则 9000 册。这一销量是当时江南制造局所出西书平均销售数二三十倍。① 1897 年，梁启超应邀到长沙主持时务学堂时，曾将《格致汇编》列为"参考书目"。因深受读者喜爱，《格致汇编》当时还出现盗印本。② 《格致新报》在全国各地设立代派处 47 处（不含上海），其中以江苏、湖北、浙江最多，三地合计 32 处。③ 《萃新报》在浙江设立代派点 43 处，在金、处、衢、严产生了较大影响。④ 如是情况在一定程度上反映了期刊在晚清科技传播中具有重要作用，光学知识自然会随着这些期刊的传布而进入读者的视界。

对于晚期期刊传布的科技知识，受众亦有所回应。如《格致汇编》《格致新报》分别设立"互相问答"和"答问"栏目，用以解答读者疑问，在编者与读者间形成良好的学术互动。据统计，《格致汇编》"互相问答"栏目总计收题 320 问，⑤《格致新报》"答问"栏目收载 242 题，⑥ 其中涉及某些光学问题。这既反映了国人对科技期刊的认可和科技知识的好奇，也体现了"西方物质文明的科学技术，已经以其巨大

---

① 熊月之：《西学东渐与晚清社会》，中国人民大学出版社 2011 年版，第 339 页。
② 赵中亚：《〈格致汇编〉与中国近代科学的启蒙》，复旦大学博士学位论文，2009 年，第 135–136 页。
③ 熊月之：《西学东渐与晚清社会》，中国人民大学出版社 2011 年版，第 355 页。
④ 浙江省新闻志编纂委员会：《浙江省新闻志》，浙江人民出版社 2007 年版，第 1046 页。
⑤ 熊月之：《西学东渐与晚清社会》，中国人民大学出版社 2011 年版，第 338 页。
⑥ 熊月之：《西学东渐与晚清社会》，中国人民大学出版社 2011 年版，第 356–365 页。

的优越性，为中国社会普遍认同、接受"①。在期刊编辑与读者的互动中，民众与期刊之间的距离在缩短，"科技的神秘面纱才逐渐揭开，从而进入到普通民众中间"。

　　晚清期刊所载光学文献虽然不乏学术气息，但总体来说以新闻性、科普性、实用性见长，学术性、理论性不强。这种以新闻性、科普性、实用性面目而呈现的光学知识虽欠深入，但既利于国人及时了解世界科技发展动态，诱发其科技好奇心，又适应了社会发展需求，也"符合人们对新生事物的接受规律"。借助这些知识，"吾华人固能由浅入深，得其指归，则受益岂能量哉!"② 1882 年，《申报》有文评述社会风气之变化曰："今日之中国已非复曩日所比，曩者见西人之事，睹西人之物，皆群相诧怪，决无慕效之人;今则此等习气渐改，今则此等习气已觉渐改，不但不肆讥评，而且深加羡慕悦。"③ 这一风气的变化，自然与包括光学在内的新知识、新发明的输入有关，中国近代学科就是在不断输入新知识的过程中逐渐建立起来的。

---

① 熊月之:《西学东渐与晚清社会》，中国人民大学出版社 2011 年版，第 338 页。
② 徐寿:《格致汇编序》，载《格致汇编》1876 年第 1 卷春。
③ 《风气日开说》，载《申报》1882 年 2 月 23 日。

主要参考文献

一、专著

1. 白瑞华．中国报纸：1800—1912［M］．广州：暨南大学出版社，2011.

2. 贝奈特．传教士新闻工作者在中国［M］．桂林：广西师范大学出版社，2014.

3. 曹增友．传教士期刊与中国科学［M］．北京：宗教文化出版社，1999.

4. 陈毓芳、邹延肃编．物理学史简明教程［M］．北京：北京师范大学出版社，2012.

5. 方汉奇主编．中国新闻事业通史［M］．北京：中国人民大学出版社，1992—1999.

6. 方汉奇主编．中国新闻事业编年史［M］．福州：福建人民出版社，2000.

7. 方汉奇．中国近代报刊史［M］．太原：山西教育出版社，2012.

8. 樊洪业、王扬宗．西学东渐—科学在中国的传播［M］．长沙：湖南科学技术出版社，2000.

9. 高黎平．美国传教士与晚清翻译天津［M］．天津：百花文艺出版社，2006.

10. 高黎平．传教士翻译与晚清文化社会现代性［M］．重庆：重庆大学出版社，2014.

11. 黄福庆．清末留日学生［M］．台北：台湾研究院近代史研究所，1975.

12. 黄林．晚清新政时期图书出版业研究［M］．长沙：湖南师范大学出版社，2007.

13. 戈公振．中国报学史［M］．上海：上海古籍出版社，2003.

14. 李明山．中国期刊发展史［M］．开封：河南大学出版社，2000.

15. 李艳平、申先甲主编．物理学史教程［M］．北京：科学出版社，2003.

16. 刘树勇、李艳平、王士平、申先甲．中国物理学史（近现代卷）［M］．南宁：广西教育出版社，2006.

17. 沈国威编著．六合丛谈（附解题·索引）［M］．上海：上海辞书出版社，2006.

18. 实藤惠秀．中国人留学日本史［M］．北京：三联书店，1983.

19. 松浦章、内田庆市、沈国威编著．遐迩贯珍（附解题·索引）［M］．上海：上海辞书出版社，2005.

20. 秦绍德．上海近代报刊史论［M］．上海：复旦大学出版社，1993.

21. 史和、姚福申、叶翠娣编．中国近代报刊名录［M］．福
    州：福建人民出版社，1991.

22. 上海图书馆编．中国近代期刊篇目汇录［M］．上海：上
    海人民出版社，1979.

23. 汪广仁主编．中国近代科学先驱徐寿父子研究［M］．北
    京：清华大学出版社，1998.

24. 王伦信、陈洪杰、唐颖、王春秋．中国近代民众科普史
    ［M］．北京：科学普及出版社，2007.

25. 汪晓勤．中西科学交流的功臣——伟烈亚力［M］．北京：
    科学出版社，2000.

26. 王扬宗．傅兰雅与近代中国的科学启蒙［M］．北京：科
    学出版社，2000.

27. 谢青果．中国近代科技传播史［M］．北京：科学出版
    社，2011.

28. 熊月之．西学东渐与晚清社会［M］．北京：中国人民大
    学出版社，2011.

29. 杨光辉．中国近代报刊发展概况［M］．北京：新华出版
    社，1986.

30. 姚远．中国大学科技期刊史［M］．西安：陕西师范大学
    出版社，1997.

31. 姚远、王睿、姚树峰等编著．中国近代科技期刊源流
    ［M］．济南：山东教育出版社，2008.

32. 赵晓兰、吴潮．传教士中文报刊史［M］．上海：复旦大

学出版社，2011.

33. 周昌寿．译刊科学书籍考略［M］．香港：香港孟氏图书公司，1972.

34. 邹振环．西方传教士与晚清西史东渐［M］．上海：上海古籍出版社，2007.

35. 仲扣庄主编．物理学史教程［M］．南京：南京师范大学出版社，2009.

二、论文

（一）期刊论文

1. 蔡文婷、刘树勇．从《格致汇编》走出的晚清科普［J］．科普研究，2007（1）：59 – 65.

2. 陈镱汶．从《遐迩贯珍》到《六合丛谈》，新闻研究资料［J］．1993（2）：209 – 218.

3. 陈镱文．《亚泉杂志》与早期西方放射化学在中国的传播和发展［J］．河北农林大学学报（农林教育版），2005（4）：93 – 95.

4. 陈镱文、姚远．亚泉杂志之气体液化传播研究［J］．西北大学学报（自然科学版），2009（6）：1094 – 1097.

5. 段海龙、冯立昇．《中西闻见录》中的两则光学知识［J］．内蒙古师范大学学报（自然科学汉文版），2005（3）：354 – 358.

6. 段海龙、冯立昇、齐玉才．《中西闻见录》中的物理学内容分析［J］．内蒙古师范大学学报（自然科学汉文版），

2011（2）：191 - 196.

7. 高海、杜永清．《格致汇编》对晚清物理学的影响［J］. 山西大同大学学报（自然科学版），2010（3）：93 - 95.

8. 胡浩宇．《察世俗每月统记传》刊载的科学知识述评［J］. 自然辩证法通讯，2006（5）：84 - 87.

9. 胡浩宇．简论晚清科普杂志的发展历程及其影响—以《格致新报》为例［J］. 读与写，2009（10）：65 - 66.

10. 胡珠生．戊戌变法时期温州的《利济学堂报》［J］. 浙江学刊，1987（5）：147 - 150.

11. 戢焕奇、刘锋、高怀勇、张谢．《格致新报》答问栏目的科学知识传播［J］. 中国科技期刊研究，2013（5）：1026 - 1030.

12. 金淑兰、段海龙．《中西闻见录》编者与作者述略［J］. 内蒙古师范大学学报（自然科学汉文版），2014（6）：791 - 793.

13. 雷晓彤．论晚清传教士报刊的西学传播—以《万国公报》为例［J］. 北方论丛，2010.

14. 李婧、姚远．《格致新报》及其理化知识传播新探［J］. 西北大学学报（自然科学版），2010（4）：742 - 746.

15. 林美莉．媒体形塑城市：《图画日报》中的晚清上海印象［J］. 南开学报（哲学社会科学版），2011（2）：124 - 133.

16. 刘可风．《中国大学科技期刊史》的科技史学价值［J］. 西北大学学报（自然科学版），1999（2）：162 - 164.

17. 龙协涛．《学枢》扬帆 百舸争流［J］. 河南大学学报

（社会科学版），2006（6）：177-178.

18. 吕旸、姚远.《浙江潮》与其科学思想传播研究［J］. 西北大学学报（自然科学版），2013（6）：1027-1032.

19. 苏力、姚远. 中国综合性科学期刊的口蒿矢《亚泉杂志》［J］. 编辑学报，2001（5）：258-260.

20. 孙潇、姚远、卫玲.《益闻录》及其自然科学知识传播探析［J］. 西北大学学报（自然科学版），2010（1）：172-176.

21. 孙郑华. 寓华传播西学的又一尝试—傅兰雅在上海所编《格致汇编》述论［J］. 华东师范大学学报（哲学社会科学版），1994（5）：58-68

22. 唐宏峰. 幻灯与电影的辩证［J］. 上海大学学报（社会科学版），2016（2）：40-60.

23. 田卫方.《格致新报》的科技内容及意义［J］. 科技情报开发与经济，2009（7）：83-84.

24. 王斌、戴吾三. 从《点石斋画报》看西方科技在中国的传播［J］. 科普研究，2006（3）：20-28.

25. 王国平、熊月之. 最早的中国大学学报—东吴学报创刊号《学桴》解读［J］. 苏州大学学报（哲学社会科学版），2006（3）：7-11.

26. 王睿、宇文高峰、姚树峰. 中国近现代科技期刊起源与发展的特点［J］. 中国科技期刊研究，2007（6）：1089-1092.

27. 王睿、姚远、姚树峰、吴幼叶. 晚清《利济学堂报》的

科技传播创造 [J]. 编辑学报, 2008 (3): 206 – 208.

28. 王铁军. 傅兰雅与《格致汇编》 [J]. 哲学译丛, 2001 (4): 75 – 79.

29. 王雪梅. 播撒科学种子的《格致新报》[J]. 文史杂志, 1996 (6): 62 – 63.

30. 王扬宗.《格致汇编》之中国编辑者考 [J]. 文献, 1995 (1): 237 – 243.

31. 王扬宗.《格致汇编》与西方近代科技知识在清末的传播 [J]. 中国科技史料, 1996 (1): 36 – 47.

32. 王扬宗.《六合丛谈》中的近代科学知识及其在清末的影响 [J]. 中国科技史料, 1999 (3): 211 – 226.

33. 王治浩、杨根. 格致书院与《格致汇编》[J]. 中国科技史料, 1984 (5): 59 – 64.

34. 王志强、王晓影. 近代国人自办科普杂志之先河—《格致新报》浅议 [J]. 长春师范学院学报 (自然科学版), 2012 (12): 228 – 230.

35. 辛文思.《湘报》和《湘学报》 [J]. 新闻与传播研究, 1982 (3): 162 – 187.

36. 谢振声. 上海科学仪器馆与《科学世界》[J]. 中国科技史料, 1989 (2): 61 – 66.

37. 熊月之. 近代上海第一份杂志《六合丛谈》史料新发现 [J]. 社会科学, 1994 (5): 45.

38. 许建礼、刘巧玲、严焱、王强. 徐建寅与《格致汇编》 [J]. 技术与创新管理, 2008 (1): 98 – 100.

39. 闫东艳、齐婧．我国近代科技期刊的传播模式［J］．编辑学报，2006（3）：204－206．

40. 杨丽君、赵大良、姚远．《格致汇编》的科技内容及意义［J］．辽宁工学院学报，2003（2）：73－75．

41. 姚远、王睿．《东西洋考每月统记传》的科技传播内容与特色［J］．中国科技期刊研究，2001（6）：496－498．

42. 姚远．中国科技期刊源流与历史分期［J］．中国科技期刊研究，2005（3）：424－428．

43. 姚远、亢小玉．中国文理综合性大学学报考［J］．中国科技期刊研究，2006（1）：161－165．

44. 姚远、杨琳琳、亢小玉．《六合丛谈》与其数理化传播［J］．西北大学学报（自然科学版），2010（3）：550－555．

45. 姚远、卫玲、亢小玉．《科学世界》开创的国人办刊新理念［J］．编辑学报，2003（4）：235－237．

46. 姚远．《科学世界》及其物理学和化学知识传播［J］．西北大学学报（自然科学版），2010（5）：934－940．

47. 元青、齐君．过渡时代的译才：江南制造局翻译馆的中国译员群体探析［J］．安徽史学，2016（2）：32－43．

48. 张必胜．《中西闻见录》及其西方科学技术知识传播探析［J］．贵州社会科学，2012（8）：25－27．

49. 张必胜．《中西闻见录》中的科学技术知识分析［J］．贵州大学学报（自然科学版），2017（1）：1－9．

50. 张惠民．《关中学报》的传播理念及其科技传播实践［J］．

河北农业大学学报（农林教育版），2005（4）：84 – 87.

51. 张惠民、姚远．《知新报》与其西方科技传播研究［J］.西北大学学报（自然科学版），2009（6）：1088 – 1093.

52. 张惠民、姚远．《格致益闻汇报》与其科技传播特色研究［J］.西北大学学报（自然科学版），2012（6）：1101 – 1110.

53. 张剑．《中西闻见录》述略——兼评其对西方科技的传播［J］.复旦学报，1995（4）：57 – 62.

54. 郑军．《东西洋考每月统记传》与西学东渐［J］.广西社会科学，2006（11）：112 – 116.

55. 朱联营．中国科技期刊产生初探——中国科技期刊史纲之一［J］.延安大学学报，1991（3）：91 – 97.

56. 朱联营．简析中国科技期刊初创时期对科学技术的传播——中国科技期刊史纲之二［J］.延安大学学报，1992（1）：87 – 92.

（二）学位论文

1. 陈超．《点石斋画报》的新知传播研究［D］.黑龙江大学硕士学位论文，2013.

2. 陈虹．透视晚清时期西方文化的传播——以《东西洋考每月统记传》为中心［D］.北京师范大学硕士学位论文，2004.

3. 陈园园．《格致汇编》中轻工业技术及其传播效果探究［D］.南京信息工程大学硕士学位论文，2015.

4. 程艳．《图画日报》视野下的清末社会文化研究［D］.上海师范大学硕士学位论文，2011.

5. 段海龙．《中西闻见录》研究［D］．内蒙古师范大学硕士学位论文，2006.

6. 高海．《格致汇编》中物理知识的研究［D］．内蒙古师范大学硕士学位论文，2008.

7. 高静．西学东渐视域中的《东西洋考每月统记传》研究［D］．西北大学硕士学位论文，2007.

8. 胡博涵．清末《图画日报》中的科学与技术［D］．哈尔滨师范大学硕士学位论文，2016.

9. 李婧《格致新报》与其科学知识传播研究［D］．西北大学硕士学位论文，2012.

10. 刘畅．《点石斋画报》研究［D］．吉林大学硕士学位论文，2007.

11. 凌素梅．《六合丛谈》新词研究［D］．浙江财经学院硕士学位论文，2013.

12. 吕旸：《浙江潮》与其科教传播研究［D］．西北大学硕士学位论文，2014 年．

13. 卢娟．晚清澳门《知新报》研究［D］．暨南大学硕士学位论文，2007.

14. 桑付鱼．《点石斋画报》与晚清社会科技文化的传播［D］．福建师范大学硕士学位论文，2011.

15. 孙慧．从幻灯到电影：《申报》早期影像广告研究（1872—1913）［D］．南京艺术学院博士学位论文，2016 年．

16. 唐颖. 中国近代科技期刊与科技传播［D］. 华东师范大学硕士学位论文，2006.

17. 王红霞. 傅兰雅的西书中译事业［D］. 复旦大学博士学位论文，2006.

18. 王强.《格致汇编》的编者与作者群体［D］. 西北大学硕士学位论文，2008.

19. 王少清. 晚清上海：西方物质文明与新知识群体的近代体验（1843 – 1894 年），南开大学博士学位论文，2009.

20. 杨琳琳：《〈六合丛谈〉媒介形态及其编辑传播策略研究》［D］. 西北大学硕士学位论文，2010.

21. 杨勇.《六合丛谈》研究［D］. 苏州大学硕士学位论文，2009.

22. 殷秀成. 中西文化碰撞与融合背景下的传播图景——《点石斋画报》研究［D］. 湖南师范大学硕士学位论文，2009.

23. 赵中亚.《格致汇编》与中国近代科学的启蒙［D］. 复旦大学博士学位论文，2009.

24. 朱世培.《中西闻见录》研究［D］，安徽大学硕士学位论文，2013.

三、期刊文献

1. 六合丛谈［Z］. 上海：咸丰七年.

2. 中国教会新报［Z］. 上海：同治七年.

3. 教会新报［Z］. 上海：同治十一年.

4. 中西闻见录〔Z〕. 北京：同治十一年.

5. 小孩月报〔Z〕. 广州：同治十三年.

6. 万国公报〔Z〕. 上海：同治十三年.

7. 格致汇编〔Z〕. 上海：光绪二年.

8. 益闻录〔Z〕. 上海：光绪四年.

9. 花图新报〔Z〕. 上海：光绪七年.

10. 点石斋画报〔Z〕. 上海：光绪十年.

11. 利济学堂报〔Z〕. 温州：光绪二十二年.

12. 时务报〔Z〕. 上海：光绪二十二年.

13. 知新报〔Z〕. 澳门：光绪二十三年.

14. 集成报〔Z〕. 上海：光绪二十三年.

15. 通学报〔Z〕. 上海：光绪二十三年.

16. 格致新报〔Z〕. 上海：光绪二十四年.

17. 岭学报〔Z〕. 广州：光绪二十四年.

18. 亚泉杂志〔Z〕. 上海：光绪二十六年.

19. 普通学报〔Z〕. 上海：光绪二十七年.

20. 南洋七日报〔Z〕. 上海：光绪二十七年.

21. 政艺通报〔Z〕 上海：光绪二十八年.

22. 新民丛报〔Z〕. 横滨：光绪二十八年.

23. 通问报〔Z〕. 上海：光绪二十八年.

24. 新世界学报〔Z〕. 上海：光绪二十八年.

25. 真光月报〔Z〕. 广州：光绪二十八年.

26. 鹭江报〔Z〕. 厦门：光绪二十八年.

27. 北洋官报〔Z〕. 天津：光绪二十八年.

28. 浙江潮 [Z]. 东京：光绪二十九年.

29. 湖北学报 [Z]. 武昌：光绪二十九年.

30. 广益丛报 [Z]. 重庆：光绪二十九年.

31. 女子世界 [Z]. 上海：光绪二十九年.

32. 科学世界 [Z]. 上海：光绪二十九年.

33. 大同报 [Z]. 上海：光绪三十年.

34. 东方杂志 [Z]. 上海：光绪三十年.

35. 北洋学报 [Z]. 天津：光绪三十年.

36. 萃新报 [Z]. 金华：光绪三十年.

37. 重庆商会公报 [Z]. 重庆：光绪三十一年.

38. 学桴 [Z]. 苏州：光绪三十二年.

39. 通学报 [Z]. 上海：光绪三十二年.

40. 竞业旬报 [Z]. 上海：光绪三十二年.

41. 南洋兵事杂志 [Z]. 江宁：光绪三十二年.

42. 理学杂志 [Z]. 上海：光绪三十二年.

43. 农工商报 [Z]. 广州：光绪三十三年.

44. 四川教育官报 [Z]. 成都：光绪三十三年.

45. 振华五日大事记 [Z]. 广州：光绪三十三年.

46. 学报 [Z]. 东京：光绪三十三年.

47. 理工 [Z]. 上海：光绪三十三年.

48. 科学一斑 [Z]. 上海：光绪三十三年.

49. 学海 [Z]. 东京：光绪三十四年.

50. 广东劝业报 [Z]. 广州：光绪三十四年.

51. 新朔望报 [Z]. 上海：光绪三十四年.

52. 数理化学会杂志［Z］. 东京：宣统元年.

53. 图画日报［Z］. 上海：宣统元年.

54. 师范讲义［Z］. 上海：宣统二年.

55. 协和报［Z］. 上海：宣统二年.

56. 上海图书馆上海科学技术情报研究所《全国报刊索引》
编辑部. 晚清期刊全文数据库（1833—1911）［DB］.